技工院校省级示范专业群建设规划教材

电子产品的装配与调试

孔宪林　主　编
徐连成　副主编

化学工业出版社

·北京·

本书主要内容包括：常用电子元件的识别与检测，电子装配常用工具及焊接技术，直流稳压电源的装接与调试，助听器的装接与调试，集成功率放大器的装接与调试，叮咚门铃的装接与调试，调光台灯的装接与调试，声光控楼道灯的装接与调试等内容。每个项目的内容按照专业技能、电子仿真、搭建电路、印刷电路板设计、电子产品装配与调试的模式编写，有利于学生从理论到实践的学习。

本书适合于中等职业院校电子类、电气类、机电类等专业的学生使用。

图书在版编目（CIP）数据

电子产品的装配与调试/孔宪林主编．—北京：化学工业出版社，2015.11（2020.9重印）
技工院校省级示范专业群建设规划教材
ISBN 978-7-122-25470-2

Ⅰ.①电… Ⅱ.①孔… Ⅲ.①电子设备-装配（机械）-中等专业学校-教材②电子设备-调试方法-中等专业学校-教材 Ⅳ.①TN805

中国版本图书馆 CIP 数据核字（2015）第 248553 号

责任编辑：李　娜　　　　　　　　　　　　装帧设计：王晓宇
责任校对：边　涛

出版发行：化学工业出版社（北京市东城区青年湖南街 13 号　邮政编码 100011）
印　　装：北京七彩京通数码快印有限公司
787mm×1092mm　1/16　印张 13　字数 331 千字　2020 年 9 月北京第 1 版第 2 次印刷

购书咨询：010-64518888　　　　　　　　售后服务：010-64518899
网　　址：http://www.cip.com.cn
凡购买本书，如有缺损质量问题，本社销售中心负责调换。

定　价：39.00 元　　　　　　　　　　　　　　　　　　　　版权所有　违者必究

前言

泰安技师学院"电气自动化设备安装与维修专业群"是山东省首批技工院校省级示范专业群建设项目。为做好这一建设项目，学院省级示范专业群建设领导小组，按照省级示范专业群建设项目要求，组织开发编写《电子产品的装配与调试》，本书为示范专业群建设项目内容之一。

为了更好地适应职业院校电子类、电气类、机电类等专业的教学要求，全面提升教学质量，按照职业院校机电一体化专业教学标准，结合国家四级等级考核标准和职业技能鉴定规范，结合职业院校电子产品装配工的竞赛要求，坚持产品引领，任务驱动，工学结合。以培养技能应用型人才为目的，以实用、够用为原则，培养学生基本职业能力。内容上大量采用图片、实物照片和表格等，内容直观，便于理解。

本书主要内容包括常用电子元件的识别与检测，电子装配常用工具及焊接技术，直流稳压电源的装接与调试，助听器的装接与调试，集成功率放大器的装接与调试，叮咚门铃的装接与调试，调光台灯的装接与调试，声光控楼道灯的装接与调试等内容。本书内容结构由五大部分组成：专业技能——介绍电子产品相关专业理论知识，不求高深，但求够用；电子仿真 Multisim11——用于分析电路工作原理，保障学习效果；搭建电路——用于验证电路功能，加深理解电路内涵；印刷电路板设计——提升技能层次，有了底蕴才有未来；电子产品装配与调试——装配工艺、焊接工艺、调试工艺在这个模块都可以得到学习验证。

全书由孔宪林任主编，徐连成任副主编。项目一、项目二由孔宪林编写，项目三至项目八中所有的任务一由周虎和贾明编写，项目三到项目六中所有的任务二到任务五由徐连成编写，项目七中的任务二到任务五由朱倩倩编写，项目八中的任务二到任务五由郭刚编写，全书由孔宪林统稿。

本书在编写过程中，得到学院专业群建设领导小组的大力支持。本书的编写过程中刘福祥和孟宪雷同志提出了许多宝贵意见，在此一并致谢。

由于编者经验不足，水平有限，书中难免存在缺点和不足，敬请广大读者和同行批评指正。

编者

2015 年 11 月

目录

项目一 常用电子元件的识别与检测 / 1
- 任务一 电阻的识别与检测 / 1
- 任务二 电容器的识别 / 9
- 任务三 二极管的识别及检测 / 14
- 任务四 三极管的识别与检测 / 20

项目二 电子装配常用工具及焊接技术 / 26
- 任务一 装配工具的正确使用 / 26
- 任务二 焊接的基本操作工艺 / 32

项目三 直流稳压电源的装接与调试 / 43
- 任务一 直流稳压电源 / 43
- 任务二 直流稳压电源的仿真 / 51
- 任务三 搭建直流稳压电源 / 58
- 任务四 设计直流稳压电源电路的PCB板 / 62
- 任务五 直流稳压电源装配与检测 / 67

项目四 助听器的装接与调试 / 73
- 任务一 助听器多级放大电路 / 73
- 任务二 助听器多级放大电路的仿真测量 / 79
- 任务三 搭建助听器多级放大电路 / 83
- 任务四 助听器多级放大电路的PCB板设计 / 88
- 任务五 实用助听器的制作与调试 / 93

项目五 集成功率放大器的装接与调试 / 97
- 任务一 音频功放芯片电路的工作原理 / 97
- 任务二 集成音响功率放大电路的仿真 / 102
- 任务三 搭建功率放大电路 / 110
- 任务四 设计功率放大器电路的PCB板 / 112
- 任务五 功率放大器电路的装接与调试 / 117

项目六 叮咚门铃的装接与调试 / 121
- 任务一 555定时器及其应用电路的工作原理 / 121
- 任务二 叮咚门铃电路的仿真与测量 / 126

  任务三 搭建叮咚门铃电路   / 130
  任务四 叮咚门铃电路的 PCB 板设计 / 133
  任务五 叮咚门铃电路的装接与调试   / 137

项目七 调光台灯的装接与调试 / 142

  任务一 调光台灯电路的工作原理   / 142
  任务二 调光台灯电路的仿真测量   / 149
  任务三 搭建调光台灯电路   / 154
  任务四 设计调光台灯电路的 PCB 板   / 156
  任务五 调光台灯电路的装接与调试   / 161

项目八 声光控楼道灯的装接与调试 / 166

  任务一 声光控节能灯电路的工作原理   / 166
  任务二 声光控延时楼道灯控制电路仿真 / 174
  任务三 搭建声光控延时楼道灯控制电路 / 182
  任务四 声光控节能灯电路的 PCB 板设计 / 188
  任务五 声光控制灯电路装配与调试   / 195

参考文献 / 202

项目一

常用电子元件的识别与检测

知识目标

(1) 认识常用电子元件的类型、外观。
(2) 掌握各种电子元件的原理及用途。

技能目标

(1) 掌握各种电子元件的识别和检测方法。
(2) 掌握数字万用表、指针万用表的正确使用。

项目概述

电阻、电位器、电容、二极管、三极管是电子线路中最常用的电器元件,在电子线路中合理地选用及检测是正确完成电子线路安装及维修的基础技能。也是电器维修人员的必备技能。

任务一

电阻的识别与检测

任务描述

电阻器是电子线路中应用最多的元件之一,其质量的好坏对电路工作的稳定性有极大影响。它的主要用途是分压、分流、滤波(与电容器组合)、耦合阻抗匹配、负载等。

任务分析

(1) 用色环法识别电阻的大小。
(2) 学会用万用表识别电阻好坏与测量电阻的大小。

知识准备

一、电阻的相关知识

从材料导电的角度来看，可以把物体分为三类：导体、半导体和绝缘体。

常见的导体有金属、大地、人体、水等；常见半导体有硅、锗、硒等；常见的绝缘体有玻璃、陶瓷、塑料、干燥的木头等。

导体对电流的阻碍作用称为电阻。电阻用字母 R 表示，在电路原理图中的原理图符号是"—▭—"。电阻的单位是欧姆（Ω），简称欧。如果导体两端所加的电压是1V，通过导体的电流是1A，则该导体的电阻值就是1Ω。

常用的电阻单位，除了欧姆以外还有千欧（kΩ）、兆欧（MΩ），它们之间的关系是：

$$1\text{M}\Omega = 1000\text{k}\Omega$$
$$1\text{k}\Omega = 1000\Omega = 10^3\Omega$$

导体是客观存在的，导体的电阻也是客观存在的，即使没有外加电压，导体仍然具有电阻。

二、电阻器的分类

在电子电路中，常用的电阻器有固定式电阻器和电位器。按制作材料和工艺不同，固定式电阻器可分为：膜式电阻（碳膜 RT、金属膜 RJ、合成膜 RH 和氧化膜 RY）、实芯电阻（有机 RS 和无机 RN）、金属线绕电阻（RX）、特殊电阻（MG 型光敏电阻、MF 型热敏电阻）四种。几种常见固定式电阻器的外形如图1.1.1所示。

常见电位器的外形如图1.1.2所示。

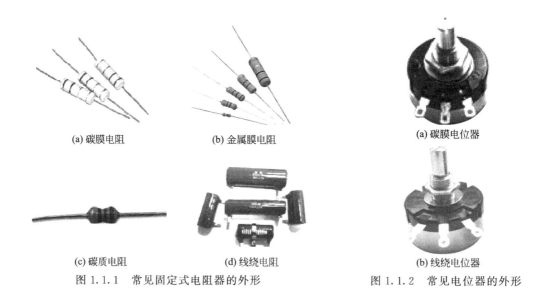

(a) 碳膜电阻　　　(b) 金属膜电阻　　　　　　(a) 碳膜电位器

(c) 碳质电阻　　　(d) 线绕电阻　　　　　　　(b) 线绕电位器

图1.1.1　常见固定式电阻器的外形　　　图1.1.2　常见电位器的外形

三、电阻器的主要参数

（1）标称阻值：产品上标示的阻值，其单位为欧、千欧、兆欧，标称阻值都应符合表1.1.1所列数值乘以 10^N 倍，其中 N 为整数。

表 1.1.1　标称阻值系列

允许误差	系列代号	标称阻值系列
5%	E24	1.0　1.1　1.2　1.3　1.5　1.6　1.8　2.0　2.2　2.4　2.7　3.0 3.3　3.6　3.9　4.3　4.7　5.1　5.6　6.2　6.8　7.5　8.2　9.1
10%	E12	1.0　1.2　1.5　1.8　2.2　2.7　3.3　3.9　4.7　5.6　6.8　8.2
20%	E6	1.0　1.5　2.2　3.3　4.7　6.8

（2）允许误差：电阻器和电位器实际阻值对于标称阻值的最大允许偏差范围称允许误差，它表示产品的精度，允许误差的等级如表 1.1.2 所示。

表 1.1.2　允许误差的等级

级别	005	01	02	Ⅰ	Ⅱ	Ⅲ
允许误差	0.5%	1%	2%	5%	10%	20%

（3）额定功率：在规定的环境温度和湿度下，在长期连续负载而不损坏或基本不改变性能的情况下，电阻器上允许消耗的最大功率。为保证安全使用，一般选其额定功率比它在电路中消耗的功率高 1～2 倍。额定功率分 19 个等级，常用的有 0.05W、0.125W、0.25W、0.5W、1W、2W、3W、5W、7W、10W 等，在电路图中非线绕电阻器额定功率的符号表示如图 1.1.3 所示。

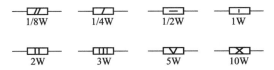

图 1.1.3　不同额定功率电阻器的电路符号

（4）最高工作电压：它是指电阻器长期工作不发生过热或电击穿损坏时的电压。如果电压超过规定值，电阻器内部产生火花，引起噪声，甚至损坏。

（5）稳定性：稳定性是衡量电阻器在外界条件（温度、湿度、电压、时间、负荷性质等）作用下电阻变化的程度。

四、电阻器的识别

电阻器的标称阻值和允许偏差一般都直接标注在电阻器上，目前最常见的是色标法。

色标法是用不同颜色的色环或点在电阻器的表面标出标称阻值和偏差的方法。其色环颜色所代表的数字或意义见表 1.1.3。

表 1.1.3　色环颜色所代表的数字或意义

色别	有效数字	乘数	允许误差	色别	有效数字	乘数	允许误差
棕	1	10	±1%	紫	7	10000000	±0.1%
红	2	100	±2%	灰	8	100000000	±0.05%
橙	3	1000		白	9	1000000000	
黄	4	10000		黑	0	1	
绿	5	100000	±0.5%	金		0.1	±5%
蓝	6	1000000	±0.25%	银		0.01	±10%

示例：

① 在电阻体的一端标以彩色环，电阻的色标是由左向右排列的，第一及第二色环表示电阻的有效数字，第三色环表示倍乘数，第四色环表示允许偏差，图1.1.4(a)中四色环电阻的阻值为 $27\times10^3=27\text{k}\Omega\pm5\%$；

② 精密电阻器的色环标志用五个色环表示。第一至第三色环表示电阻的有效数字，第四色环表示倍乘数，第五色环表示允许偏差，图1.1.4(b)中电阻值为 $175\times10^{-1}=17.5\Omega\pm1\%$。

红紫橙金　　棕紫绿金棕
(a)　　　　　(b)

图1.1.4　阻值色标表示方法

一般电阻的第一色环会比较靠近电阻外侧，误差环会略粗。如果实在看不出差别，那就只能用仪表检测了。

在电路图中电阻器和电位器的单位标注规则：阻值在兆欧以上，标注单位M。比如1兆欧，标注1M；阻值在1千欧到100千欧之间，标注单位k。比如5.1千欧，标注5.1k；阻值在100千欧到1兆欧之间，可以标注单位k，也可以标注单位M。比如360千欧，可以标注360k，也可以标注0.36M。阻值在1千欧以下，可以标注单位Ω，也可以不标注。比如5.1欧，可以标注5.1Ω或者5.1。

五、电阻器的命名方法

根据国家标准GB/T 2470—1995《电子设备用固定电阻器、固定电容器型号命名方法》规定，电阻器、电位器的命名由下列四部分组成：第一部分为主称；第二部分为材料；第三部分为分类特征；第四部分为序号。它们的型号及意义见表1.1.4。

表1.1.4　电阻器的型号命名法

第一部分		第二部分		第三部分		第四部分
用字母表示主称		用字母表示材料		用数字或字母表示特征		序号
符号	意义	符号	意义	符号	意义	
R	电阻器	T	碳膜	1,2	普通	包括：额定功率、阻值、允许误差
W	电位器	J	金属膜	3	超高频	
		H	合成膜	4	高阻	
		C	沉积膜	5	高温	
		I	玻璃釉膜	7	精密	
		Y	氧化膜	8	电阻器-高压	
		S	有机实芯	9	特殊	
		N	无机实芯	G	高功率	
		X	线绕	T	可调	
		R	热敏	X	小型	
		G	光敏	L	测量用	
		M	压敏	W	微调	
				D	多圈	

示例：RJ91-0.125-5.1kI型的命名含义：R-电阻器；J-金属膜；9-特殊；1-序号；0.125-额定功率；5.1k-标称阻值；I-误差5%。

六、电阻器的选用常识

(1) 根据电子设备的技术指标和电路的具体要求选用电阻的型号和误差等级；
(2) 额定功率应大于实际消耗功率的 1.5～2 倍；
(3) 电阻装接前要测量核对，尤其是要求较高时，还要人工老化处理，提高稳定性。

任务实施

1. 实训目标

(1) 掌握万用表测量电阻的正确方法。
(2) 掌握四色环电阻的识别。

2. 实训器材

指针式万用表一块，数字万用表一块，电阻若干。由于本实验元件比较简单，故而电阻测量元件清单省略，由指导教师自行准备。

3. 实训内容

本实训分为电阻识别和测量两个部分。电阻测量又分为指针表和数字表两种状况。

(1) 色环电阻的识别　记录几个色环电阻的色环颜色，并计算出电阻的阻值，记录在表 1.1.5 里。

(2) 色环电阻的测量　分别用数字万用表和指针万用表测量几个电阻的电阻值，记录在表 1.1.5 里。无论用数字万用表还是指针万用表进行测量电阻的电阻值，都要注意以下几点。

① 切断电阻所在电路的电源。虽然本次实验没有用到电源，但在以后进行电阻测量的时候，可能电阻所在电路是处在通电工作状态的，应注意必须切断电路电源，才可以测电阻。

② 被测电阻至少要一端与电路断开，以免受电路影响。

③ 要注意测量手势的正确，避免将人体电阻量入。尤其在测量高值电阻时，如果测量时两只手同时握着电阻两端的话，人体电阻被量入，测量结果会有很大偏差。

表 1.1.5　电阻测量记录表

电阻序号	电阻色环	计算电阻值	指针表测量值	数字表测量值
1				
2				
3				

实训评价

电阻测量的评价标准见表 1.1.6。

表 1.1.6　电阻测量自评互评表

班级		姓名		学号		组别		
项目	考核内容		配分/分	评分标准			自评	互评
电阻的识别	元件的识别		30	不能正确识别，每个扣 10 分				

续表

电阻的测量	指针表测量	30	不能正确选择合适挡位,每个扣1~5分 不能正确读数,每个扣1~5分 测量手势不正确,扣10分
	数字表测量	30	不能正确选择合适挡位,每个扣1~5分 不能正确读数,每个扣1~5分 测量手势不正确,扣10分
安全文明操作	工作台上工量具摆放整齐 严格遵守安全操作规程	10	工作台不整洁,扣1~5分 违反安全操作规程,酌情扣1~5分
合计		100	

学生交流改进总结：

教师总结及签名：

知识拓展

一、贴片电阻

贴片电阻阻值识别方法如下。

1. 常用的标识方法

一般电阻常用的标识方法如图 1.1.5 所示，三个电阻是一般标准电阻的标识方法，可以很直观地得到阻值，即前两位为有效数值，后面一位为乘以 10^N，如上面的 332，即为 $33\times 10^2=3300\Omega$，换一下单位就是 3.3kΩ 了。

3.3kΩ　　　　　56Ω　　　　　100kΩ

图 1.1.5　常用电阻的标识方法

2. E96 标识方法

E96 标识方法类似于常用标识法，只不过前两位数字代码代表三位有效数字，具体查表 1.1.7。

表 1.1.7　E96 标识代码与有效数字对照表

代码	数字	代码	数字	代码	数字	代码	数字	代码	数字
01	100	04	107	07	115	10	124	13	133
02	102	05	110	08	118	11	127	14	137
03	105	06	113	09	121	12	130	15	140

续表

代码	数字	代码	数字	代码	数字	代码	数字	代码	数字
16	143	33	215	50	324	67	487	84	732
17	147	34	221	51	332	68	499	85	750
18	150	35	226	52	340	69	511	86	768
19	154	36	232	53	348	70	523	87	787
20	158	37	237	54	357	71	536	88	806
21	162	38	243	55	365	72	549	89	825
22	165	39	249	56	374	73	562	90	845
23	169	40	255	57	383	74	576	91	866
24	174	41	261	58	392	75	590	92	887
25	178	42	266	59	402	76	604	93	909
26	182	43	274	60	412	77	619	94	931
27	187	44	280	61	422	78	634	95	953
28	191	45	287	62	432	79	649	96	976
29	196	46	294	63	442	80	665		
30	200	47	301	64	453	81	681		
31	205	48	309	65	464	82	698		
32	210	49	316	66	475	83	715		

最后一位字母代码表示乘以 10^N，A、B、C…分别对应 0、1、2…，具体见表 1.1.8。

表 1.1.8 E96 标识代码与有效倍乘数字对照表

代码	A	B	C	D	E	F	G	H	X	Y	Z
倍率	0	1	2	3	4	5	6	7	−1	−2	−3

这种标识方法用于精密电阻，一般为 1% 精度的，与第一种常用标识方法相似，可以得到实际的阻值。如：

$$01B 代表 100 \times 10^1 = 1000 = 1k\Omega$$
$$32Y 代表 210 \times 10^{-2} = 2.1\Omega$$

二、电阻器的检测常识

1. 普通固定电阻检测

将两表笔（通常红笔接"+"，黑笔接"−"）分别与电阻的两端引脚相接即可测出实际电阻值。为了提高测量精度，测量前要先将万用表欧姆挡调零，再根据被测电阻标称值的大小来选择量程。应使表的指针指示值尽可能落到刻度的中段位置，即全刻度起始的 20%～80% 弧度范围内，以使测量更准确。根据电阻误差等级不同。读数与标称阻值之间分别允许有 ±5%、±10% 或 ±20% 的误差。如不相符，超出误差范围，则说明该电阻值变值了。

$$测量电阻值 = 表针指示值 \times 倍率$$

注意：测试时，特别是在测几十千欧以上阻值的电阻时，手不要触及表笔和电阻的导电部分；被检测的电阻从电路中焊下来，至少要焊开一个头，以免电路中的其他元件对测试产生影响，造成测量误差；色环电阻的阻值虽然能以色环标志来确定，但在使用时最好还是用万用表测试一下其实际阻值。

2. 电位器的检测

检查电位器时，首先要转动旋柄，看看旋柄转动是否平滑，开关是否灵活，开关通、断时"喀哒"声是否清脆，并听一听电位器内部接触点和电阻体摩擦的声音，如有"沙沙"声，说明质量不好。用万用表测试时，先根据被测电位器阻值的大小，选择好万用表的合适电阻挡位，然后可按下述方法进行检测。

（1）用万用表的欧姆挡测"1"、"2"两端，其读数应为电位器的标称阻值，如万用表的指针不动或阻值相差很多，则表明该电位器已损坏。

（2）检测电位器的活动臂与电阻片的接触是否良好。用万用表的欧姆挡测"1"、"3"（或"2"、"3"）两端，将电位器的转轴按逆时针方向旋至接近"关"的位置，这时电阻值越小越好。再顺时针慢慢旋转轴柄，电阻值应逐渐增大，表头中的指针应平稳移动。当轴柄旋至极端位置"3"时，阻值应接近电位器的标称值。如万用表的指针在电位器的轴柄转动过程中有跳动现象，说明活动触点有接触不良的故障。

三、万用表相关知识

万用表是用来测量交直流电压、电阻、电流等电量的仪表。是电工和无线电制作的必备工具。万用表有指针式和数字式万用表，其外形如图 1.1.6 所示。

 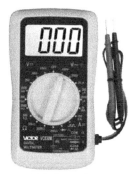

(a) 指针式万用表　　　　(b) 数字式万用表

图 1.1.6　万用表的外形

初看起来万用表很复杂，实际上它是由电流表（俗称表头）、刻度盘、量程选择开关、表笔等组成。万用表是通过并联分流电阻扩大电流量程和串联分压电阻扩大电压表的量程的。大多数的万用表电压和电流合用一刻度。如果在测量直流电压的电路中接入一个整流器，便可测交流电压了。测电阻的原理与测直流电压相仿，只是测试时电路中还须加一组电池。选择开关指向电阻范围时，刻度盘上找第一行电阻专用刻度读数即可。

万用表的型号很多，但其基本使用方法是相同的。使用时要注意以下几点。

（1）在使用万用表之前，应先进行"机械调零"，即在没有被测电量时，使万用表指针指在零电压或零电流的位置上。

（2）在使用万用表过程中，不能用手去接触表笔的金属部分，这样一方面可以保证测量的准确，另一方面也可以保证人身安全。

（3）测量电压时，不能在测量的同时换挡，尤其是在测量高电压或大电流时，更应注意。否则，会使万用表毁坏。如需换挡，应先断开表笔，换挡后再去测量。

（4）万用表在使用时，必须水平放置，以免造成误差。同时，还要注意到避免外界磁场对万用表的影响。

（5）万用表使用完毕，应将转换开关置于交流电压的最大挡。如果长期不使用，还应将万用表内部的电池取出来，以免电池漏液腐蚀表内其他器件。

思考与练习

1. 电阻在电路中的作用是什么？电阻的标识方式有几种？应如何识别？
2. 万用表使用时应注意哪些问题？万用表测量电阻完毕后其挡位应如何放置？

任务二
电容器的识别

任务描述

电容是电子设备中大量使用的电子元件之一，广泛应用于隔直、耦合、旁路、滤波、调谐回路、能量转换、控制电路等方面。

任务分析

（1）通过对电容器相关知识的简单介绍认识常用的电容器。
（2）学会用万用表检测电容器的好坏及检测判断。

知识准备

一、电容器的概念

电容器通常简称为电容，用字母 C 表示。

电容器的定义，顾名思义，是"装电荷的容器"，是一种容纳电荷的器件。其实任何两个彼此绝缘且相隔很近的导体（包括导线）间都构成一个电容器。如图 1.2.1 所示，图(a) 是由两块导电极板并引出导线，中间的绝缘材料是空气，所构成的平板电容器，图(b) 是无极性电容器的图形符号，图(c) 是有极性电容器的图形符号。无极性电容接入电路时，两个引脚无所谓正负，可以颠倒。有极性电容原理图标明"＋"的一端是电容器的正极，而实物电容器一般只标明电容器的负极。电容器实物的"－"端要接电路的低电位端，不能搞错。

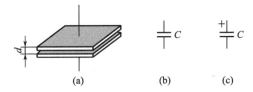

图 1.2.1　平板电容器示意图及电容器的图形符号

电容器的基本单位是法拉,简称法(F),但是,这个单位太大,在实际标注中很少采用。

其他单位关系如下:

$$1F=1000mF$$
$$1mF=1000\mu F$$
$$1\mu F=1000nF$$
$$1nF=1000pF$$

二、电容器的种类

电容器的种类很多,分类的方法也各有不同。

(1) 按照结构分为三大类:固定电容器、可变电容器和微调电容器。

(2) 按电解质分类:有机介质电容器、无机介质电容器、电解电容器和空气介质电容器。

(3) 按用途分为:高频旁路、低频旁路、滤波、调谐、高频耦合、低频耦合、小型电容器。

(4) 按制造材料的不同,可以分为:瓷介电容、涤纶电容、电解电容、钽电容、聚丙烯电容、云母电容器、玻璃膜电容器等。图1.2.2是常见电容器的外形。

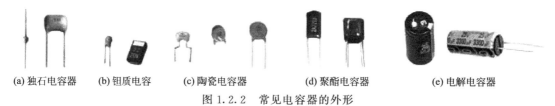

(a) 独石电容器　　(b) 钽质电容　　(c) 陶瓷电容器　　(d) 聚酯电容器　　(e) 电解电容器

图1.2.2　常见电容器的外形

三、电容器的主要参数

电容器的参数很多,主要参数有标称电容量、允许偏差、额定电压和温度系数等。使用时一般以电容器的容量和额定工作电压作为主要选择依据。

标称容量:直接标注在电容器外壳上的电容容量即电容器的标称容量。

允许偏差:电容器实际电容量与标称电容量的偏差称误差,在允许范围内的偏差称允许偏差。

额定电压:在额定环境温度下可连续加在电容器的最高交直流电压。如果工作电压超过电容器的耐压,电容器击穿,将造成不可修复的永久损坏。

温度系数:在一定温度范围内,温度每变化1℃,电容量的相对变化值。温度系数越小越好。

四、电容器容量标注

电容器的常用标注方法有直标法和色标法。

1. 直标法

用文字、数字和单位符号直接标注在电容器上的方法。如$1\mu F$表示1微法,有些电容用"R"表示小数点,如R56表示0.56微法。

2. 色标法

用色环或色点表示电容器的主要参数。电容器的色标法与电阻相同。

五、电容器的检测

电容器的简单检测可以直接利用指针万用表或数字万用表进行。数字万用表检测电容器只需选择合适的挡位，将电容器插入专门的插孔即可。下面介绍指针万用表对电容的检测。

（1）用万用表电阻挡检查电解电容器的好坏。电解电容器的两根引线有正负之分，在检查它的好坏时，对耐压较低的电解电容器（6V或10V），电阻挡应放在R×100或R×1k挡，把红表笔接电容器负端，黑表笔接正端，这时万用表指针摆动，然后恢复到零位或附近。这样的电解电容器是好的。容量越大，指针摆动越慢。

（2）用万用表判断电解电容器的正负极。电解电容由于有正负极性，因此在电路中使用不能颠倒连接。电解电容的极性一般可以通过直接观察来判断。新的电解电容正极针脚长，在负极表面标"—"。如果是旧的已经剪齐两脚，外面模糊不清时，可用万用表判断，将万用表置R×1k挡，测其漏电阻大小。具体方法是用两表笔接电容器两引线，记住漏电阻大小（指针回摆停下时的阻值），然后表笔对调再测一次，比较两次结果，漏电阻大的一次，黑笔所接一端为电解电容的正极，红笔接的是负极。

（3）用万用表检查可变电容器。可变电容器有一组定片和一组动片，用电阻挡可检查其动、定片之间是否碰片。用红、黑表笔分别接动片和定片，旋转轴柄，电表指针不动，说明动、定片之间无短路，若指针摆动，说明有短路地方。

（4）用万用表电阻挡粗略判别5000pF以上容量电容器的好坏。检查时将电阻挡放在量程高挡，两表笔分别与电容器两端接触，这时指针快速摆动一下然后复原，反向连接，摆动的幅度比第一次更大，而后复原，这样的电容器是好的。容量越大，测量时指针摆动越大，复原时间越长，可以根据电表指针摆动大小来比较两个电容器容量的大小。

任务实施

1. 实训目标

（1）掌握电容器的识别。

（2）学会电容器的检测方法。

2. 实训器材

指针式万用表一块、数字万用表一块。由于本实验元件比较简单，故而元件清单省略，由指导教师自行准备。

3. 实训内容

本实训分为电容器识别、测量两个部分。

（1）电容器的识别　记录几个电容器的标注，并计算出电容器的容量，记录在表1.2.1里。

（2）电容器的测量　电容器测量又分为指针表和数字表两种状况。

① 用数字万用表测量几个电容器的容量，记录在表1.2.1里。

② 用指针万用表进行好坏的判断。

表 1.2.1 电容器测量记录表

电容器	电容器标注	耐压及计算容量	数字表测量值/μF	指针表测量值(好坏)
1				
2				
3				

实训评价

电容器测量的评价标准见表 1.2.2。

表 1.2.2 电容器测量自评互评表

班级		姓名		学号		组别	
项目	考核内容	配分/分	评分标准		自评	互评	
电容器的识别	元件的识别	30	不能正确识别,每个扣5分				
电容器的测量	指针表测量	30	不能正确选择合适挡位,每个扣1～5分 不能正确判断好坏,每个扣1～5分 测量手势不正确,扣10分				
	数字表测量	30	不能正确选择合适挡位,每个扣1～5分 不能正确读数,每个扣1～5分 测量手势不正确,扣10分				
安全文明操作	工作台上工、量具摆放整齐 严格遵守安全操作规程	10	工作台不整洁,扣1～5分 违反安全操作规程,酌情扣1～5分				
合计		100					

学生交流改进总结:

教师总结及签名:

知识拓展 电 感 器

能产生电感作用的元件统称电感元件,常常直接简称为电感器。它是利用电磁感应的原理进行工作的。电感器能够把电能转化为磁能而存储起来。电感器的结构类似于变压器,但只有一个绕组。电感器能阻碍电流的变化。如果电感器中原来没有电流通过,则它阻止电流流过它;如果有电流流过它,则电路断开时它将试图维持电流不变。电感器又称扼流器、电抗器、动态电抗器。电感器常用绝缘导线绕制,绕成一匝或多匝以产生一定自感量,故而常称电感线圈或简称线圈。常见电感器外形见图 1.2.3。电感器的电路图形符号是"⌒⌒⌒⌒",文字符号用"L"表示。

电感量的基本单位是亨利，简称亨（H），但是，这个单位比较大，在实际标注中较少采用。

其他单位关系如下：
$$1H=1000mH$$
$$1mH=1000\mu H$$

图 1.2.3 常见电感器外形

1. 电感器的作用

阻交流通直流，阻高频通低频（滤波），也就是说，高频信号通过电感线圈时会遇到很大的阻力，很难通过，而低频信号通过它时，所呈现的阻力则比较小，即低频信号可以较容易地通过它。电感线圈对直流电的电阻几乎为零。

2. 电感器的分类

（1）按导磁体性质分类：空芯线圈、铁氧体线圈、铁芯线圈、铜芯线圈。

（2）按工作性质分类：天线线圈、振荡线圈、扼流线圈、陷波线圈、偏转线圈。

（3）按绕线结构分类：单层线圈、多层线圈、蜂房式线圈。

（4）按电感形式分类：固定电感线圈、可变电感线圈。

另外常常会根据工作频率和过电流大小，分为高频电感、功率电感等。

3. 电感器的主要参数

（1）标称电感量　电感器上标注的电感量的大小，表示线圈本身的固有特性，主要取决于线圈的圈数、结构及绕制方法等，与电流大小无关，反映电感线圈存储磁场能的能力，也反映电感器通过变化电流时产生感应电动势的能力。

（2）允许误差　电感的实际电感量相对于标称值的最大允许偏差范围称为允许误差。

（3）额定电流　额定电流是指能保证电路正常工作的工作电流。

（4）标称电压　标注在电感器上的电压。

（5）分布电容（寄生电容）　电感线圈匝与匝之间、层与层之间、线圈与屏蔽层间的电容，用 C_0 表示。

4. 电感线圈感量和误差的标注方法

（1）直标法：在电感线圈的外壳上直接用数字和文字标出电感线圈的电感量、允许误差及最大工作电流等主要参数。

（2）色标法：同电阻标法。单位为 μH。

5. 好坏判断

对于贴片电感用欧姆挡测量时电阻的读数应为零，若万用表读数偏大或为无穷大则表示电感损坏。

对于电感线圈匝数较多，线径较细的线圈读数会达到几十到几百欧姆，通常情况下线圈的直流电阻只有几欧姆。若电感线圈发烫或电感磁环明显损坏，可认定电感器损坏。无法确定时，可用电感表测量其电感量或用替换法来判断。

思考与练习

1. 如何检测电容器的极性和判别质量好坏？
2. 电容器在电路中的作用是什么？

任务三
二极管的识别及检测

任务描述

二极管在电子线路中起到整流、检波、开关放大等作用，是非常重要的电子元件。由于半导体材料的特殊性能，使晶体管在电子电路中得到了广泛的应用。

任务分析

(1) 能正确识别二极管。
(2) 会利用万用表对二极管进行检测和判断。

知识准备

一、半导体的基本知识

物体按导电能力分为导体、绝缘体和半导体。常用的半导体材料有硅和锗两种材料。半导体材料有不同于导体和绝缘体的导电特性，具有热敏性、光敏性和掺杂性。完全纯净的半导体叫本征半导体，其导电能力很弱，利用其掺杂性，可制成 P 型和 N 型半导体。将两种不同类型的半导体用特殊工艺使其结合在一起，在交界的地方形成一个特殊薄层，叫 PN 结。

PN 结具有单向导电性，也就是说 PN 结加正向电压时导通，加反向电压时截止。

二、半导体二极管

半导体二极管又叫晶体二极管，内部是一个 PN 结，外部引出两个电极，从 P 区引出的叫正极，又称阳极；从 N 区引出的叫负极，又称阴极，然后将其封装。

二极管有一个 PN 结，两个电极，其主要特性就是单向导电性。二极管的图形符号如图 1.3.1 所示，文字符号用 VD 表示。几种常见二极管的外形图如图 1.3.2 所示。

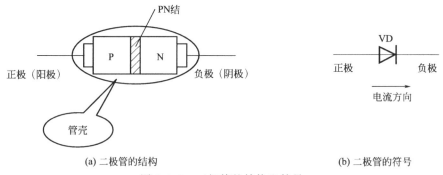

(a) 二极管的结构　　　　　　　　　　(b) 二极管的符号

图 1.3.1　二极管的结构和符号

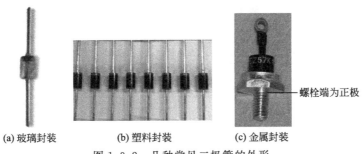

(a) 玻璃封装　　(b) 塑料封装　　(c) 金属封装

图 1.3.2　几种常见二极管的外形

1. **二极管的分类**

   晶体二极管按其制造材料的不同，主要分为硅管和锗管两大类。两者的性能区别在于：锗管正向电压降小于硅管（锗管的为 0.2V，硅管为 0.5～0.8V），锗管的反向漏电流大于硅管（锗管的为几百毫安，硅管的为 $1\mu A$）；锗管的 PN 结可承受的温度比硅管的低（锗管的约为 100℃，硅管的约为 200℃）。

   按其用途可分为检波二极管、整流二极管、稳压二极管桥式整流组件、硅堆、开关二极管、发光二极管、光电二极管、变容二极管等，如图 1.3.3 所示。

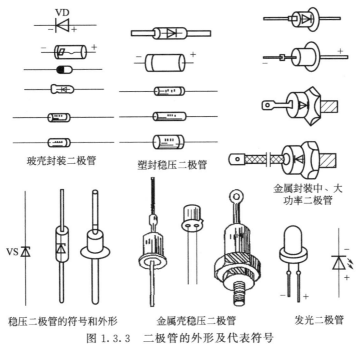

图 1.3.3　二极管的外形及代表符号

按其结构可分为点接触型二极管和面接触型二极管。

2. **二极管的命名**

   按照国家标准 GB 249—1989 的规定，二极管的型号命名由五部分组成。

   第一部分：电极数目，用阿拉伯数字 2 表示。

   第二部分：材料和极性，用汉语拼音表示，具体含义是 A 表示 N 型锗材料，B 表示 P 型锗材料，C 表示 N 型硅材料，D 表示 P 型硅材料。

   第三部分：类型，用汉语拼音字母表示，字母含义见表 1.3.1。

表 1.3.1 二极管类型的含义

符号	P	Z	W	U	K	C	L	S
意义	普通管	整流管	稳压管	光电管	开关管	参量管	整流堆	隧道管

第四部分：序号，用阿拉伯数字表示。

第五部分：规格，用汉语拼音字母表示（表示反向峰值电压的挡次）。

常见二极管有 2AP7，2DZ54C 等，其含义如下：

3. 部分二极管特性

（1）整流、检波二极管

① 检波用二极管。检波就是从输入信号中取出调制信号。这种二极管一般是锗材料点接触型，为 2AP 型。工作频率可达 400MHz，正向压降小，结电容小，检波效率高，频率特性好，除用于检波外，还能够用于限幅、削波、调制、混频、开关等电路。

② 整流用二极管。整流是从输入交流信号中得到输出的直流信号。这种二极管是面接触型，工作频率小于 3kHz，最高反向电压从 25～3000V 分 A～X 共 22 挡。

（2）稳压二极管 稳压二极管在电子电路中起稳定电压的作用。二极管的 PN 结反向击穿后，其两端电压变化很小，基本维持一个恒定值，从而实现稳压功能。该二极管在反向击穿之前的导电特性与普通整流、检波二极管相似，在击穿电压下，只要限制其通过的电流，使它不超过其额定值，是可以安全地工作在反向击穿状态下的。

（3）发光二极管 发光二极管（简称 LED）和普通二极管一样，内部结构为一个 PN 结，不同的是这种二极管正向导通就发光，即把电能转换成光能。

发光二极管具有体积小、工作电压低、工作电流小、发光均匀稳定、响应速度快及寿命长等特点，故发光二极管已被广泛应用于收音机、音像设备及有关仪器中，经常作为电平指示灯使用。

4. 晶体二极管的测量

（1）普通二极管的测量 普通二极管指整流二极管、检波二极管、开关二极管等，其中包括硅二极管和锗二极管。它们的测量方法大致相同（以用 MF47 万用表测量为例）。

① 小功率二极管的检测。用机械式万用表电阻挡测量小功率二极管时，将万用表置于"R×100"或"R×1k"挡，然后将两表笔短接，旋转调零电位器，观察指针是否指向零。如指针不能回零，需要更换电池。调零以后将黑表笔接二极管的正极，红表笔接二极管的负极，然后交换表笔再测一次。如果两次测量值一次较大一次较小，则二极管正常。如果二极管正、反向阻值均很小，接近零，说明内部管子击穿；反之，如果正、反向阻值均极大，接近无穷大，说明该管子内部已断路；以上两种情况均说明二极管已损坏，不能使用。

如果不知道二极管的正负极性，可用上述方法进行判别。两次测量中，万用表上显示阻值较小的为二极管的正向电阻，黑表笔所接触的一端为二极管的正极，另一端为负极，如图1.3.4所示。

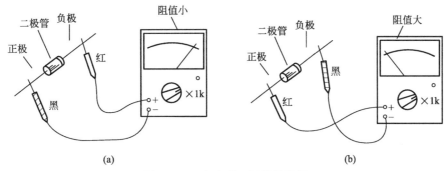

图1.3.4　小功率二极管的检测

② 中、大功率二极管的检测。中、大功率二极管的检测只需将万用表置于"R×1"或"R×10"挡，测量方法与测量小功率二极管相同。

（2）稳压二极管的测量

① 稳压二极管与普通二极管的鉴别。常用稳压二极管的外形与普通小功率整流二极管相似。当其标识清楚时，可根据型号及其代表符号进行鉴别。当无法从外观判断时，使用万用表能很方便地鉴别出来。依然以机械式万用表为例，首先用前述的方法，把被测二极管的正、负极性判断出来。然后用万用表"R×10k"挡，黑表笔接二极管的负极，红表笔接二极管的正极，若电阻读数变得很小（与使用"R×1k"挡测出的值相比较），说明该管为稳压管；反之，若测出的电阻值仍很大，说明该管为整流或检波二极管（"R×10k"挡的内电压若用15V电池，对个别检波管，例如2AP21等，已可能产生反向击穿）。因为用万用表的"R×1"、"R×10"、"R×100"挡时，内部电池电压为1.5V，一般不会将二极管击穿，所以测出的反向电阻值比较大。而用万用表的"R×10k"挡时，内部电池的电压一般都在9V以上，可以将部分稳压管击穿，反向导通，使其电阻值大大减小。普通二极管的击穿电压一般较高，不易击穿。但是，对反向击穿电压值较大的稳压管，上述方法鉴别不出来。

② 三个引线的稳压管的鉴别。2DW7（2DW232）就是其中的一种，其外形和内部结构如图1.3.5所示。它是封装在一起的两个对接稳压管，以达到抵消两个稳压管的温度系数效果。为了提高它的稳定性，两个管子的性能是对称的，根据这一点可以方便地鉴别它们。

具体方法如下：先用万用表判断出两个二极管的极性，即图1.3.5(b)所示的电极1、2、3的位置；然后将万用表置于"R×10"或"R×100"挡，黑表笔接电极3，红表笔依次接电极1、2，若同时出现阻值约为几百欧姆比较对称的情况，则可基本断定该管为稳压管。

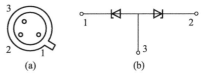

图1.3.5　三引线的稳压管
其外形和内部结构

③ 发光二极管的测量。用万用表判断发光二极管。一般的发光二极管内部结构与一般二极管无异，因此测量方法与一般二极管类似。但发光二极管的正向电阻比普通二极管大（正向电阻小于50kΩ，所以测量时将万用表置于"R×1k"或"R×10k"挡）。测量结果判断与一般二极管测量结果判断相同。

任务实施

1. 实训目标
（1）能用目视法判断识别二极管的种类，正确说出二极管的引脚极性。
（2）学会用万用表判断二极管的极性和好坏。

2. 实训器材
指针式万用表一块，各种类型的二极管若干（包括新的和已经损坏的混搭在一起）。由于本实验元件比较简单，故而测量元件清单省略，由指导教师自行准备。

3. 实训内容
本实训分为二极管识别和测量两个部分。

（1）二极管的识别　根据教师提供的不同的二极管，将不同类型的二极管进行分类并填入表 1.3.2 中。

表 1.3.2　二极管识别表

序号	型号	材料	用途
1			
2			
3			
4			
5			

（2）二极管的测量　将教师提供的不同类型的二极管分别用指针万用表测量正反向电阻，将测量结果记录并填入表 1.3.3 中，并判断其好坏。

表 1.3.3　二极管测量数据表

型号	正向电阻/Ω			反向电阻/Ω	管子好坏
	×10	×100	×1k	×10k	

实训评价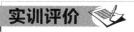

二极管测量的评价标准见表 1.3.4。

表 1.3.4　二极管测量自评互评表

班级		姓名		学号		组别		
项目	考核内容		配分/分	评分标准			自评	互评
二极管的识别	元件的识别		30	不能正确识别判断，每个扣 5 分				

续表

二极管的测量	指针表测量	60	不能正确选择合适挡位,每个扣1～5分 不能正确读数,每个扣1～5分 判断不出管子的好坏,每个扣5分	
安全文明操作	工作台上工、量具摆放整齐 严格遵守安全操作规程	10	工作台不整洁,扣1～5分 违反安全操作规程,酌情扣1～5分	
合计		100		

学生交流改进总结：

教师总结及签名：

知识拓展

1. 二极管的特性曲线

为了说明二极管的性质,把二极管两端电压与通过二极管电流之间的关系曲线称为伏安特性曲线,如图1.3.6所示。

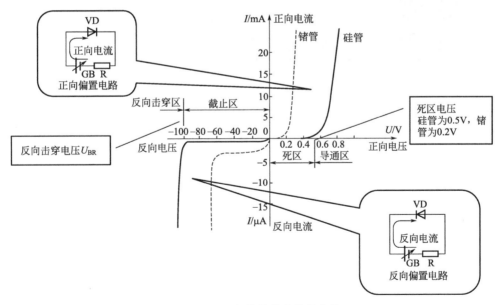

图1.3.6 二极管的伏安特性曲线

位于第一象限的曲线表示二极管的正向特性曲线,是指二极管加正向电压(二极管正极接高电位,负极接低电位)时的特性。

位于第三象限的曲线表示二极管的反向特性曲线,是指二极管加反向电压(二极管正极接低电位,负极接高电位)时的特性。

不同材料、不同结构的二极管电压、电流特性曲线虽有区别，但形状基本相似，都不是直线，故二极管是非线性元件。

2. 二极管的主要参数

二极管的主要参数是选择和使用二极管的依据，为保证二极管可靠工作，选用二极管时主要考虑以下参数，见表 1.3.5。

表 1.3.5 二极管的主要参数

参数名称	符号	说　明
最大整流电流	I_{FM}	允许通过二极管平均电流的最大值。正常工作时通过二极管的电流应小于 I_{FM}，否则，二极管会因过热而损坏
最高反向工作电压	U_{RM}	允许加在二极管两端反向电压的最大值（一般情况下 $U_{RM}=1/2U_{BR}$），正常工作时，二极管两端所加电压最大应小于 U_{RM}，否则，二极管将会反向击穿而损坏
反向电流	I_R	在规定的反向电压（$<U_{BR}$）和环境温度下的反向电流。此值越小，二极管的单相导电性能越好，工作越稳定。I_R 对温度很敏感，使用时注意环境温度不宜过高

思考与练习

1. 为什么不能用万用表的 R×1 挡和 R×10k 挡测量二极管的正反向电阻？
2. 用万用表测量二极管电阻时，用不同的挡位为何测量的电阻值不一样？

任务四

三极管的识别与检测

任务描述

半导体三极管在电子线路中起到放大、开关等的作用，放大电路又称放大器，其核心元件主要是半导体三极管和场效应管。

任务分析

（1）对半导体三极管的结构了解认识并知道放大条件。
（2）会利用万用表对三极管检测判断。

知识准备

一、三极管的结构和符号

三极管是在一块极薄的硅或锗基片上经过特殊加工工艺制作出两个 PN 结，对应的三个半导体区称为发射区、基区和集电区，分别用 E、B、C 或 e、b、c 表示。发射区与基区之间的 PN 结称发射结，集电区与基区之间的 PN 结称集电结。其结构和符号如图 1.4.1 所示。

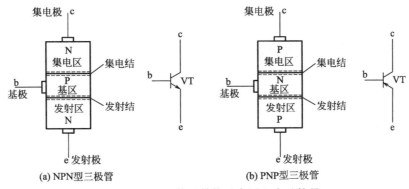

(a) NPN型三极管　　　　　　　(b) PNP型三极管

图 1.4.1　三极管的结构示意图和表示符号

二、晶体三极管的分类

晶体三极管的种类很多，按不同的分类方法可分为多种。

按导电类型分为 NPN 三极管、PNP 三极管；按材料分为锗三极管、硅三极管；从结构上分为点接触型三极管和面接触型三极管；按工作频率分为高频率三极管、低频率三极管；按功率分为大功率管（>1W）、中功率管（0.5～1W）、小功率管（<0.5W）；按用途分放大管和开关管。

常用三极管的外形如图 1.4.2 所示。

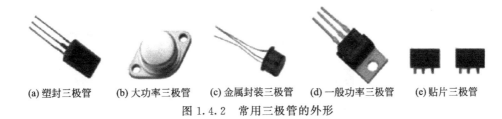

(a) 塑封三极管　　(b) 大功率三极管　　(c) 金属封装三极管　　(d) 一般功率三极管　　(e) 贴片三极管

图 1.4.2　常用三极管的外形

三、三极管的型号命名

按国家标准 GB/T 249—1989 的规定，三极管的型号命名和二极管一样也是由五部分组成。

第一部分：电极数目，用阿拉伯数字 3 表示。

第二部分：材料和极性，用汉语拼音表示，具体含义是 A 表示 PNP 型锗材料，B 表示 NPN 型锗材料，C 表示 PNP 型硅材料，D 表示 NPN 型硅材料。

第三部分：类型，用汉语拼音字母表示，X—低频小功率管，G—高频小功率管，D—低频大功率管，A—高频大功率管。

第四部分：序号，用阿拉伯数字表示。

第五部分：规格，用汉语拼音字母表示。

四、三极管的放大作用

三极管要实现放大作用，必须满足发射结加正向电压，集电结加反向电压的外部条件。NPN 型三极管，三极管三个电极的电位必须符合 $U_C > U_B > U_E$；对 PNP 型三极管，三个电

极的电位应符合 $U_C < U_B < U_E$。三极管电流的放大实质是用较小的基极电流控制较大的集电极电流。

五、晶体三极管的识别和测量

1. 三极管的识别

三极管的引脚分布有一定规律，根据这一规律可以方便地识别管脚极性，如图 1.4.3 所示。

2. 三极管管型和电极判断

不知道三极管封装的情况下用指针式万用表一般可以测出 e、b、c 脚。从三极管构造说，无论是 PNP 还是 NPN，b 极一般总是在两个 PN 结的中间，所以可以用以下的方法来判断 b 极：如图 1.4.4 所示，万用表设定在"R×1k"电阻挡，黑表笔接任意管脚，然后用红表笔分别接另外两个管脚，比较两次测量的电阻，如果测得两个电阻值相差很大，则黑表笔换另外一个管脚，重复上述动作，直到两次测量的电阻相差不多

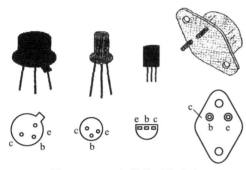

图 1.4.3 三极管的引脚分布

时，此时，黑表笔所接的脚是 b 极，而且两次测得电阻都很大为 PNP 管，都很小为 NPN 管。

那如何测量出 e、c 脚呢？这需要一点技巧。

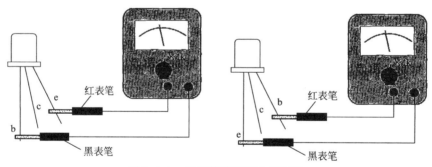

图 1.4.4 三极管管型和电极判断

例如已经知道了 b 极且是 NPN 型，假定其中另外两脚中的一个脚是 c 极，用黑表笔接假定的 c 极，红表笔接假定的 e 极（相当于给 ce 加正电压），此时表指针基本上不动，然后用手指同时接触 b 极和黑表笔（相当于 bc 间加一个电阻），如果此时指针有很大摆幅，说明判断是正确的。从摆幅的大小还能估计出三极管放大倍数的大小。

3. 三极管质量好坏的简易判断

用万用表粗测三极管的极间电阻，可以判断管子质量的好坏。在正常情况下，质量良好的中、小功率三极管发射结和集电结的反向电阻及其他极间电阻较高（一般为几百千欧）。而正向阻值比较低（一般为几百欧至几千欧），可以由此来判断三极管的质量。

4. 判别三极管是硅管还是锗管

根据测得的管子的正向压降判别。若测得压降为 0.5~0.9V 即为硅管，若压降为 0.2~0.3V 则为锗管。

任务实施

1. 实训目标
（1）能用目视法判断识别三极管的种类，正确识别出三极管的管脚极性。
（2）能正确识读三极管的标示型号，了解该三极管的用途。
（3）会用万用表对各种三极管进行正确检测，并对其质量作出评价。

2. 实训器材
指针式万用表一块，不同类型、不同规格的三极管若干（混在一起）。由于本实验元件比较简单，故而测量元件清单省略，由指导教师自行准备。

3. 实训内容
本实训分为三极管识别和测量两个部分。
（1）三极管的识别　根据教师提供的不同的三极管，识读三极管上各种数字及标志，读出三极管的型号，指出型号意义，将识别结果填入表 1.4.1 中。

表 1.4.1　三极管的识别结果

序号	型号	外形	材料（硅或锗）	用途	备注
1					
2					
3					
4					
5					

（2）三极管的测量　用指针万用表对各种三极管测量正反向电阻，将测量结果记录并填入表 1.4.2 中。

表 1.4.2　三极管测量数据表

序号	型号	基-射间正向电阻	基-射间反向电阻	基-集间正向电阻	基-集间反向电阻	集-射间正向电阻	集-射间反向电阻	质量好坏
1								
2								
3								
4								

实训评价

三极管测量的评价标准见表 1.4.3。

表 1.4.3　三极管测量自评互评表

班级		姓名		学号		组别		
项目	考核内容		配分/分	评分标准			自评	互评
三极管的识别	元件的识别		30	不能正确识别判断，每个扣 5 分				

续表

三极管的测量	指针表测量	60	不能正确选择合适挡位,每个扣1~5分 不能正确读数,每个扣1~5分 判断不出管子的好坏,每个扣5分		
安全文明操作	工作台上工、量具摆放整齐 严格遵守安全操作规程	10	工作台不整洁,扣1~5分 违反安全操作规程,酌情扣1~5分		
合计		100			

学生交流改进总结:

教师总结及签名:

知识拓展

1. 晶体三极管的主要参数

晶体三极管的参数分两类:一类是应用参数,表明晶体管在正常工作时的各种参数,主要包括电流放大系数、截止频率、极间反向电流、输入电阻和输出电阻等;另一类是极限参数,表明晶体管的安全使用范围,主要包括击穿电压、集电极最大允许电流、集电极最大耗散功率等。

2. 三极管的特性曲线

三极管的特性曲线主要有输入特性曲线和输出特性曲线,可以用晶体管特性仪直接观察,也可以用实验电路来测试。

(1) 输入特性曲线　输入特性是指在 U_{CE} 一定条件下,加在三极管基极与发射极之间的电压 U_{BE} 和基极电流 I_B 之间的关系曲线,如图1.4.5所示。

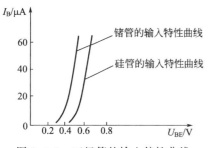

图1.4.5　三极管的输入特性曲线

从输入特性曲线看出,三极管的输入特性曲线与二极管的特性曲线相似,只有发射结正向电压大于死区电压时,三极管才能处于正常放大状态。

(2) 输出特性曲线　输出特性曲线是指在 I_B 一定的条件下,三极管集电极与发射极之间的电压 U_{CE} 与集电极电流 I_C 之间的关系曲线,如图1.4.6所示。

三极管的特性曲线分为三个区域,不同的区域对应不同的工作状态。

截止区——c极和e极之间等效电阻很大,相当于开路。

放大区——c极和e极之间等效电阻线性可变,相当于一只可变电阻,电阻大小受基极电流大小控制,基极电流大,c极和e极之间等效电阻小,反之则大。

饱和区——c极和e极之间等效电阻很小,相当于短路。

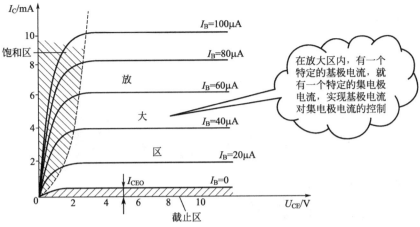

图 1.4.6 三极管的输出特性曲线

思考与练习

1. 如何判别三极管的三个管脚？
2. 三极管在电路中的作用是什么？

项目二

电子装配常用工具及焊接技术

知识目标

（1）掌握常用工具的种类及使用。
（2）掌握焊接工具的种类、使用及其焊接工艺。

技能目标

（1）正确选择使用装配工具。
（2）正确焊接电子元器件，掌握焊接工艺。

项目概述

电子产品在进行组装时，需要一些工具和设备。常用的工具有螺丝刀、钳子、镊子、扳手等。常用的设备有台钻、手电钻、丝锥等。正确选择和使用这些设备是操作者的基本技能。

焊接在电子产品的装配中是一项重要的工序，焊接的好坏直接影响着产品质量。由于它是将各种电子元件与印制导线牢固连接在一起的过程，只有将全过程的每一个环节掌握好，才能保证焊接的质量。

任务一 ▷▷▷
装配工具的正确使用

任务描述

电子产品在装配维修中，常常需要一些工具和设备。对电子元件的不同操作需要不同的工具，要合理选择和正确使用这些工具。

项目二 电子装配常用工具及焊接技术

任务分析

本任务就是对装配工具的了解和正确使用。

知识准备

一、螺丝刀

螺丝刀又可称改锥，或称螺丝起子，也叫螺钉旋具。它的用途是紧固螺钉和拆卸螺钉。螺丝刀是电子产品装配和检修时的主要工具之一，在应用时应根据螺钉的大小选择合适的规格。它的种类和规格很多，常用的有一字形和十字形，手柄可分为木柄和塑料柄两种。常用的螺丝刀的种类及使用如表2.1.1所示。

表 2.1.1 常用的螺丝刀的种类及使用

名称	图形	规格及型号	使用注意事项
一字形螺丝刀		其规格和型号很多，它的规格是以手柄以外的刀体长度进行表示，常用的一字形规格有：50mm、75mm、100mm、150mm、200mm、250mm等	在选用一字形螺丝刀时，要注意螺丝刀的刀口宽窄要与螺钉的一字槽相适应，即螺丝刀的刀口尺寸要与螺钉一字槽相吻合。当刀口的尺寸过长时，容易损坏安装件(对沉头螺钉)；当刀口的尺寸厚度超过螺钉的一字槽厚度，或不足螺钉一字槽厚度(过薄)时，便要损坏螺钉槽。因此在固定和拆卸不同螺钉时，应选用相应规格一字形螺丝刀
十字形螺丝刀		其规格与一字形相同，但端头随不同规格的螺丝刀有所不同，一般可分为4种十字槽型	在使用时应根据不同大小的螺钉予以选用。如果选用的螺丝刀槽型与螺钉十字槽不能相吻合时，会损坏螺钉的十字槽。用螺丝刀进行紧固和拆卸螺钉时，应推压和旋转同时进行，但不能用力过猛，以免损坏螺钉槽口，一旦螺钉槽口被损坏，就很难再将螺钉紧固和旋出
钟表螺丝刀		钟表螺丝刀的规格：一字形为 0.8mm、1mm、1.2mm、1.4mm、2mm、2.3mm 等。十字形为 0#、1# 等	钟表螺丝刀的结构与其他所述的螺丝刀的不同之处是，在其手柄上端有一可自由旋转的圆盘，在使用时将二拇指放在其圆盘上，然后用大拇指与中指推动螺丝刀便可将小螺钉旋进和旋出。主要用于紧固和拆卸较小的螺钉。其手柄有金属和塑料两种
无感螺丝刀		一般旋杆长度为150mm，工作端口宽度为2mm	无感螺丝刀应用于电子产品中电感类元件磁芯的调整，它一般采用塑料、有机玻璃等绝缘材料和非铁磁性物质做成。这样可避免在调整磁芯时因人体感应作用而造成调整不准的现象产生。在使用无感螺丝刀时不要用力过大，因其不能承受过大的扭矩，否则将损坏其端部刀口
带试电笔的螺丝刀		其规格一般为 300mm	带试电笔的螺丝刀是从事电工工作人员的常用工具，它即能用来旋进和旋出螺钉，也能用来查看电路是否带电，为检修电路提供一定的安全保证

二、钳子

钳子的种类很多，其用途和形状各有不同。各种钳子的使用及规格如表 2.1.2 所示。

表 2.1.2　各种钳子的使用与规格

名称	外形	规　　格	用　　途
尖嘴钳		尖嘴钳分为铁柄和绝缘柄两种，应用普遍的是绝缘柄尖嘴钳，它所承受的电压是 500V 以上，该钳子又分带刀口与不带刀口的，带刀口的可用来剪切一些较细的导线，但不能作为剪切工具使用。以免损坏刀口及钳嘴的断裂。尖嘴钳按其长度分为 130mm、160mm、180mm 和 200mm 四种，常用的是 160mm 绝缘尖嘴钳	尖嘴钳可以用来夹持小零件及在狭窄的空间夹持小物件。同时还用于元器件引脚成型，以及焊点上绕导线和元器件的引脚。使用时不能用尖嘴钳装卸螺钉、螺母，不能用力夹持硬金属导线及其硬物，以免钳嘴损坏，对带绝缘柄的尖嘴钳，要保护好绝缘层，以保证使用安全
偏口钳		偏口钳的规格与尖嘴钳相同。160mm 带绝缘柄的偏口钳最为常用，有的偏口钳在两个钳柄之间加上弹簧，其作用是减轻手部疲劳，使用更加方便	偏口钳的主要用途是剪切导线，如印制线路板插装元器件后过长引脚的剪切，焊点上多余引脚的剪切，粗细适宜的导线及塑料导管的剪切等。在使用偏口钳时应注意使钳口朝下，以防止朝下的线头伤人。另外偏口钳也不能用于剪切较粗的钢丝及螺钉等硬物，以防损坏其钳口。严禁使用塑料套已损坏的偏口钳剪切带电导线，避免发生触电事故，保证人身安全
平嘴钳	刀口无齿	平嘴钳与尖嘴钳的结构基本相同，只是钳头部分有所差异，钳口平直。常用的是带塑柄的平嘴钳	它主要用于元器件引脚及较粗导线的拉直、成型，并能用它夹住元器件引脚，以帮助散热。不宜夹持螺母或需要用力较大部件
圆嘴钳		它的规格与尖嘴钳一样，是以钳身的长度进行划分的，常用的是 160mm 塑柄圆嘴钳	它的用途是将导线或元器件引脚卷曲成环形
钢丝钳		钢丝钳在日常生活中应用较多，其规格也是以钳身长度表示，常用的有 150mm、175mm、200mm 等几种，由钳头、齿口、刀口和侧口四部分组成	钢丝钳可用于剪断较粗的金属丝，也可对金属薄板进行剪切。带绝缘柄的钢丝钳可用于带电操作的场合，可根据钳身绝缘柄的耐压标识进行选用，常用的是耐压 500V 的钢丝钳。在使用时应注意选用不同规格的钢丝钳，对不同粗细的钢丝进行剪切，以避免切口的损坏

续表

名称	外形	规格	用途
剥线钳		剥线钳是一种专用钳,它可对绝缘导线的端头绝缘层进行剥离,如塑料电线等。该种钳的钳口有几个不同直径的切口位置,以适应不同导线的线径要求	剥线钳的使用方法是根据所剥导线的线径,选用与其相应的切口位置,同时也要根据所切掉绝缘层长度来调整钳口的止挡位。如果线径切口位置选择不当,便可能造成绝缘层无法剥离,甚至要损伤被剥导线的芯线。其具体的操作方法是将被剥导线放入所选的切口位置,然后用手握住两手柄,并向里合拢,此时便可剥掉导线端头的绝缘层
网线钳		网线钳也可以当剥线钳用	它专门用来加工网线和电话线,即用于给网线和电话线加装水晶头

三、镊子

镊子的形状如图 2.1.1 所示。它可分为钟表镊子(尖嘴镊子)和医用镊子(圆嘴镊子),常用镊子的规格是 130~150mm。镊子的用途是夹持细小的零件和导线,在进行焊接时还可夹持住元器件,以保持元器件的固定位置不动,提高焊接质量。用镊子夹持元器件的引脚可帮助散热,以避免在焊接时温度过高损坏元器件。

由于钟表镊子的尖嘴部分很尖,因此在使用时应注意不能摔落到硬质地面上,以防镊子的端部受挫而弯曲,影响正常的使用。

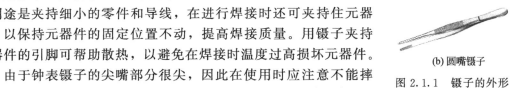

(a) 尖嘴镊子

(b) 圆嘴镊子

图 2.1.1 镊子的外形

四、扳手

扳手一般分为固定扳手、活动扳手和套筒扳手三类,如图 2.1.2 所示。扳手的用途是固定和拆卸螺母和螺栓。

(a) 活动扳手　　　　(b) 固定扳手　　　　(c) 套筒扳手

图 2.1.2 扳手的外形

固定扳手是指只能适用某一固定尺寸的螺栓和螺母。常用的有单头扳手、双头扳手、两用扳手、梅花扳手等。活动扳手是指扳手的开口度可以在一定的范围内进行调整,以满足对一定范围尺寸的不同螺栓和螺母的紧固和拆卸。常用规格有 14mm×100mm、19mm×150mm、240mm×100mm 等。规格表示的是扳手的最大开口度乘扳手的长度,使用时注意扳手的开口度要与被紧固或拆卸螺栓螺母相吻合,否则损坏紧固件的表层。套筒扳手是指在每套套筒中配有不同规格的套筒头和不同品种的手柄连杆,以适应多种规格紧固件。其优点是能在很深的部位且不允许手柄有较大转动角度的场合使用。

五、热熔胶枪

热熔胶枪（图2.1.3）是胶料的熔解工具，主要用于电子元件及塑料导线的固定，使用时按动扳机就能挤出热熔胶对元器件进行粘连。

图 2.1.3 热熔胶枪的外形

六、钻孔

钻孔是电子产品组装中常用到的一个加工内容，如电子设备装配连接的螺钉孔，印制电路板元器件引脚的插装孔。

钻孔使用的工具有手摇钻、手电钻和台钻等。手电钻是一种手摇进行打孔的工具，其特点是不受用电设备的限制。手电钻是一种携带方便的小型钻孔工具，其特点是使用灵活，不受场地的限制。台钻是台式钻床的简称，是打孔的主要工具，可以钻制多种直径的孔。

任务实施

1. 实训目标

掌握各种常用装配工具的使用方法。

2. 实训器材

各种类型的螺丝刀各一把，各种常用钳子各一把，镊子两把。其他的扳手及其钻孔工具一套。实习教师可以根据需要添加或减少相应工具。

3. 实训内容

本实训内容主要是常用工具的认识及正确使用。

实训评价

常用工具的认识与使用实训评价标准见表2.1.3。

表 2.1.3 常用工具的认识与使用实训评价表

班级		姓名		学号		组别		
项目	考核内容		配分/分	评分标准			自评	互评
识别	常用工具的识别		30	不能正确识别，每个扣3分				
使用	使用方法		60	不能正确选择合适工具，每个扣1～5分 不能正确使用各种工具，每个扣1～5分				
安全文明操作	工作台上工、量具摆放整齐 严格遵守安全操作规程		10	工作台不整洁，扣1～5分 违反安全操作规程，酌情扣1～5分				
合计			100					

学生交流改进总结：

教师总结及签名：

知识拓展

1. 钻孔的方法

（1）工件画线　对工件进行钻孔时，为能保证其孔位准确，则一般要划出孔的十字中心线，并打上中心样冲眼，再按孔的大小划出孔的圆周线，以及几个大小不等的检查圆，检查圆是为钻孔过程中检查钻孔位置的正确与否而画的，如图 2.1.4 所示。

（2）钻头的装与拆　对于直柄钻头：将钻头插入钻夹头的三只卡爪内，其夹持长度一般要大于 15mm，然后用钻夹头钥匙旋转外套，以夹紧钻头，如图 2.1.5 所示。

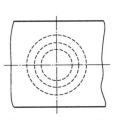

图 2.1.4　工件划线

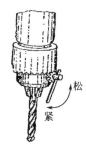

图 2.1.5　钻头夹紧和放松

（3）对不同钻孔的操作　在钻盲孔（不通孔）时，要按钻孔深度调整好钻床上的深度标尺，或是在钻头上做好标记以控制钻孔深度。

在钻通孔时，当孔快要钻穿时一定要注意减小进刀量，以避免损坏钻头。在钻孔的直径较大时，可分成两次进行钻削（首次用小于孔直径的钻头，二次用同直径的钻头），以减小在钻削时的阻力。

在钻深孔时，必须要在钻的过程中退出钻头排屑，以避免切屑堵塞而损坏钻头。

2. 锉削

锉刀对工件表面进行切削加工并使其达到一定精度的加工过程就称锉削。锉削主要是对平面、曲面、内孔及沟槽等表面的加工，是工件錾、锯之后所进行的精加工。锉削是电子产品装配及其维修时常用的操作内容。

锉刀是由锉身和锉刀柄两大部分组成，其中锉刀面是主要工作面，其上面的锉纹有单齿纹和双齿纹之分。锉刀分为普通锉、整形锉和异形锉三大类。常用的是普通锉。

平面的锉削方法有顺向锉、交叉锉和推锉。各种锉削的方法如图 2.1.6～图 2.1.9 所示。顺向锉是指锉刀的运动方向与工件的夹持方向始终一致，是一种最基本的锉削方法。交叉锉是指锉刀的运动方向与工件的夹持方向成一定的角度（一般 40°左右），且两次锉削交叉进行。推锉是指锉刀横放在工件面上，左右手横握锉刀的锉削方法。

图 2.1.6　顺向锉的方法

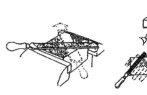
(a) 交叉锉法

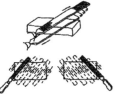
(b) 锉刀的移动

图 2.1.7　交叉锉的方法

(a) 推锉法　　　　(b) 推锉狭长平面　　　　(c) 推锉内圆弧面

图 2.1.8　推锉的方法

曲面的锉削方法有两种，一是顺着圆弧面锉，另一种是横着圆弧面锉。

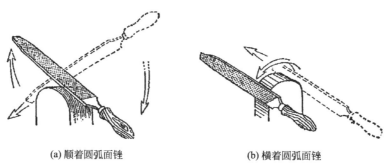

(a) 顺着圆弧面锉　　　　　　(b) 横着圆弧面锉

图 2.1.9　曲面的锉削方法

思考与练习

1. 电子装配中常用到哪些工具？
2. 各种钳子分别适合应用到什么场合？

任务二　▶▶▶
焊接的基本操作工艺

任务描述

现在家用电器产品的种类很多，当它们产生故障时，除元器件的原因外，大多数是由于焊接质量不佳而造成的。作为电子技术工作者，不但要有焊接的基本理论知识，更重要的是应当掌握熟练的焊接操作技能。随着科技的发展，电子产品不断更新，焊接设备和方法也在不断更新换代，但对小规模生产和家电维修而言，手工焊接仍是最多和最广泛的。

任务分析

(1) 掌握常用的焊接工具及其使用方法。
(2) 掌握手工焊接工艺及其操作要领。

知识准备

一、焊接工具

1. 电烙铁的种类

常用的电烙铁有内热式、外热式、恒温式、感应式等。现在普遍使用的是内热式。各种电烙铁的介绍如表 2.2.1 所示。

表 2.2.1 电烙铁的种类及使用

名称	外形	结构及特点	规格及使用
外热式电烙铁		外热式电烙铁由于电阻丝绕在由云母绝缘的电烙铁芯骨架上,而电烙铁头又安装在电烙铁芯里面,在通电发热后,其热量从外向内传到电烙铁头上,从而使电烙铁头升温,故称为外热式电烙铁	外热式电烙铁常用的规格有 25W、45W、75W、100W、150W 等几种。烙铁的阻值不同,其功率也不同,25W 的阻值为 2kΩ。因此可用万用表欧姆挡初步判断电烙铁的好坏及功率大小
内热式电烙铁		内热式电烙铁是由手柄、连接杆、弹簧夹、电烙铁芯、电烙铁头组成,由于电烙铁芯安装在电烙铁头里面,因此称为内热式电烙铁	内热式电烙铁与外热式电烙铁相比有质量小、热得快、耗电省、热效率高、体积小的优势,是手工焊接的首选。其电阻值大约为 2.5kΩ(20W),温度可达到 350℃
恒温电烙铁		恒温电烙铁内,装有带磁铁式的温度控制器(磁控开关),通过控制通电时间来实现。即给电烙铁通电时,电烙铁的温度上升,当达到预定的温度时,因强磁体传感器达到居里点(某一点温度,因磁体成分而异)而磁性消失,从而使磁芯触点断开,这时便停止对电烙铁供电;反之就恢复通电	恒温电烙铁适用于温度不能太高、焊接时间不能过长的集成电路、晶体管元件,否则就会因温度过高而造成元器件的损坏
吸锡电烙铁		吸锡电烙铁是将活塞式吸锡器与电烙铁融为一体的拆焊工具,它具有使用方便、灵活、适用范围宽等特点。这种吸锡电烙铁的不足之处是每次只能对一个焊点进行拆焊	吸锡电烙铁的使用方法是先接通电源预热 3~5min,然后将活塞柄推下并卡住,把吸锡电烙铁的吸头前端对准欲拆焊的焊点,待焊锡熔化后,将按钮按下,此时活塞便自动上升,焊锡即被吸进气筒内

2. 电烙铁的选用

电烙铁的种类及规格很多，为能适应所焊元器件的需要，应合理地选择电烙铁，这对提高焊接质量和效率有直接的关系。

电烙铁的选择，应注意几点。

（1）在焊接集成电路、晶体管及受热易损件时，应选用 20W 的内热式电烙铁或 25W 的外热式电烙铁。

（2）在焊接导线及同轴电缆、机壳底板等时，应选用 45～75W 的外热式电烙铁或 50W 的内热式电烙铁。

（3）对于既能用内热式电烙铁焊接，又能用外热式电烙铁焊接的焊点，应首选内热式电烙铁。因为它体积小、操作灵活、热效率高、热得快，使用起来方便快捷。

3. 电烙铁的使用方法

为了能使被焊件焊接牢靠，又不烫伤被焊件周围的元器件及导线，因此就要根据被焊件的位置、大小及电烙铁的规格大小，适当地选择电烙铁的握法。

电烙铁的握法可分为 3 种，如图 2.2.1 所示。

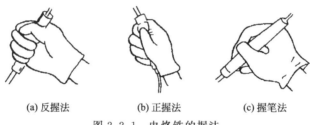

(a) 反握法　　　(b) 正握法　　　(c) 握笔法

图 2.2.1　电烙铁的握法

① 反握法。该握法用五指把电烙铁的手柄握在掌内。反握法动作稳定，长时间操作不宜疲劳，它适用于大功率电烙铁的操作。

② 正握法。此法适于中等功率的电烙铁或带弯头形电烙铁的操作。

③ 握笔法。此种握法与握笔的方法相同，适用于小功率的电烙铁（35W 以下），一般在操作台上焊制电路板时多采用此法。焊接散热量小的被焊件。

二、焊接材料

1. 焊料

焊料是指易熔的金属及其合金，如图 2.2.2 所示。其熔点低于被焊金属，而且要易于与被焊物金属表面形成合金。常用的焊料为铅锡合金，熔点有铅锡合金比例决定，约在 180℃。形状有锭状和丝状两种，丝状焊料通常在中心包含着松香，在焊接中使用较为方便。焊锡丝的直径有 0.5mm、0.8mm、1mm、1.2mm、2.5mm、3mm、4mm、5mm 等。电子线路焊接所用的焊料一般直径为 1mm，含锡量为 61% 的松香芯焊锡丝。其特点是熔点低，流动性好，机械强度好。

2. 助焊剂

助焊剂在焊接过程中熔化金属表面氧化物，起到保护作用，使焊料能尽快浸润到焊件金属体上，以达到助焊的功能。助焊剂的种类很多，通常电子线路焊接中一般松香作为助焊剂，如图 2.2.3 所示。

图 2.2.2 焊料

图 2.2.3 助焊剂（松香）

三、手工焊接工艺

1. 焊接要求

手工焊接是焊接技术中一项最基本的操作技能，也是焊接技术的基本功。对焊接有如下要求。

（1）焊点表面要光滑、清洁、锡点光亮，圆滑而无毛刺。合格焊点表面光洁度好，呈半球面，没有气孔，各焊点大小均匀。除了要有熟练的焊接技能，而且还要选择合适的焊料和助焊剂。否则将使焊点表面出现粗糙、拉尖、棱角等现象。

（2）焊点可靠，保证导电性能。为保证焊点具有良好的导电性能，必须防止虚焊。虚焊是指焊料与被焊物表面没有形成合金结构，只是简单地依附在被焊金属的表面上。

（3）焊点的机械强度要足够。为保证焊点要有足够的机械强度，一般可采用把被焊元件的引脚端子打弯后再焊接的方法，但不能用过多的焊料堆积，这样容易造成虚焊或焊点与焊点的短路

（4）锡和被焊物融合牢固，接触良好，不出现虚焊和假焊。

2. 手工焊接操作方法

基本操作步骤可以描述为：焊接前的准备→清除元件搪锡→焊接→检查→整理现场。

（1）焊接前的准备　小型电子设备和印刷电路板的焊接时，电烙铁的握法一般采用笔握式，新的电烙铁应先清洁烙铁头并上锡，其方法是在铁砂布上放些松香和焊料，待电烙铁加热至一定温度后，将烙铁头蘸取松香和焊料，烙铁头上有一层银白色的焊锡即可，如图 2.2.4 所示。

(a) 电烙铁上蘸取松香　　　　(b) 电烙铁上蘸取焊料

图 2.2.4 新电烙铁上锡

焊接元件前应对导线和元件的引脚上锡。先用细铁砂布去除裸导线和元件的引脚表面的氧化物，并用布擦去裸导线表面的灰尘，然后左手拿裸导线（或元件），右手将烙铁头压在裸导线（或元件引脚）和松香上，待松香熔化后左手拉动裸导线（或元件），使裸导线表面涂上一层薄而均匀的松香助焊剂。

（2）基本焊接方法　通常焊接方法分为五个步骤。

步骤一：将元件插入印刷电路板（或铆钉板）后，先将发热后的电烙铁放到焊接处，如图 2.2.5 所示。

步骤二：将焊锡丝放到焊接处，如图 2.2.6 所示。

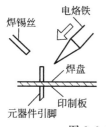

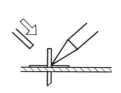

图 2.2.5　焊接步骤一　　　　　　　　图 2.2.6　焊接步骤二

步骤三：等适量的焊锡丝熔化在焊接点上，如图 2.2.7 所示。

步骤四：移开焊锡丝，如图 2.2.8 所示。

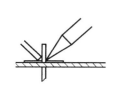

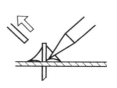
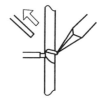

图 2.2.7　焊接步骤三　　　　　　　　图 2.2.8　焊接步骤四

步骤五：移开电烙铁，如图 2.2.9 所示。

（3）焊接的操作要领

① 焊料的用量要合适。要根据被焊面积的大小和表面状态适量使用，用量过少影响焊接质量，用量过多，造成焊点周围有残渣，还有可能对元件产生腐蚀。

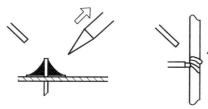

图 2.2.9　焊接步骤五

② 掌握好焊接的时间和温度。焊接温度过低，容易形成虚焊。温度过高，焊点不易存锡。

③ 焊接时被焊物要扶稳。焊接时绝不能晃动被焊元件本身及其引脚。否则造成虚焊或焊点质量下降。

④ 焊点的重焊。重焊时必须注意的是两次的焊料要一同熔化为一体时才能把电烙铁移开焊点。

⑤ 电烙铁撤离。电烙铁的撤离方向最好是电烙铁头与轴向 45°（斜上方）的方向撤离，这种方法能使焊点美观、圆滑，是最好的撤离方法。

⑥ 焊接后的处理。焊接结束后，应将焊点周围的焊剂清洗干净，并检查电路中有无漏焊、错焊、虚焊等现象。同时检查焊接的元件是否有焊接不牢的现象。

3. 印制电路板的手工焊接工艺

（1）焊前准备

① 焊前要将被焊的元器件引脚进行清洁和预挂锡。

② 清洁印制电路板的表面，主要是去除氧化层，并检查焊盘和印制导线是否有缺陷和短路点等不足。

③ 检查电烙铁能否吃锡，并进行去除氧化层和预挂锡工作。

④ 要熟悉所焊印制电路板的装配图，并按图纸检查所有元器件的型号、规格及数量是否符合图纸的要求。

（2）装焊顺序　元器件的装焊顺序依次是电阻器、电容器、二极管、三极管、集成电路、大功率管等。其他元器件依次是先小、先轻、后大、后重的顺序进行。

（3）对元器件焊接的要求

① 电阻器的焊接。按电路原理图将电阻器插入规定位置时，采用卧式安装时要紧贴板面，色环电阻色环标志顺序方向一致。在插装时可按图纸标号顺序依次装入，也可按单元电路装入，视具体情况而定，然后就可对电阻进行焊接。

② 电容器的焊接。将电容器按图纸要求装入规定位置，引脚高度大约3mm，有极性的电容器其"＋"与"－"的位置不能接错，电容器上的标称阻值要易看可见。

③ 二极管的焊接。在辨认二极管正、负极后，按要求装入规定位置时型号及标记要易看可见。在焊接立式安装二极管并对最短的引脚焊接时，应注意焊接时间不要超过2s，以避免温升过高损坏二极管。

④ 三极管的焊接。按要求将e、b、c三引脚插入相应孔位，在焊接时应尽量缩短焊接时间，并可用镊子夹住引脚，以帮助散热。

在焊接大功率三极管时，若需要加装散热片，应将散热片的接触面加以平整，打磨光滑后再紧固，以加大接触面积。若需要加垫绝缘薄膜片时，千万不能忘记。当引脚与线路板上焊点需要进行导线连接时，应尽量采用绝缘导线。

⑤ 集成电路的焊接。将集成电路按照要求装入印制电路板的相应位置。并按图纸要求进一步检查集成电路的型号、引脚位置是否符合要求，在确保无误后便可进行焊接。当焊接时应注意以下几点。

a. 在焊接集成电路时，应选用20～25W的内热式电烙铁。

b. 在焊接集成电路时其焊接温度和焊接时间都要进行很好的控制，否则很容易造成损坏。每个焊点最好用2s的时间焊接，连续焊接不超过10s。使用低熔点焊剂，一般不超过150℃。

c. 为避免因电烙铁的感应电压损坏集成电路，为此要给电烙铁接好地线。

d. 因集成电路各引脚之间的距离很近，在焊接时焊料量一定要控制好，否则就会造成引脚间的短路。

e. 安全焊接顺序为：地端→输出端→电源端→输出端。

f. 如果引线有短路环，焊接前不要拿掉。要有防止静电措施。

4. 元器件的插装方法

元器件的插装方法可分为手工插装和自动插装。不论采用哪种插装方法，其插装形式可分为以下几种。

（1）卧式插装　安装形式如图2.2.10所示。这种安装的优点是元器件的重心低，比较牢固稳定，不易脱落，更换比较方便。当悬空时元器件与印制电路板之间有一定高度，一般为3～8mm。这种安装适用于发热元件的安装。

（2）立式插装　立式插装是将元器件垂直插入印制电路板，适用于安装密度较高的场合，如图2.2.11所示。立式插装的优点是插装密度大，占用印制电路板的面积小，插装与拆卸都比较方便。

（3）横向插装　横向插装如图2.2.12所示。元器

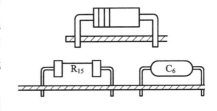

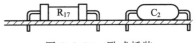

图2.2.10　卧式插装

件安装高度的限制一般在图上是标明的，通常的方法是先将元器件垂直插入印制电路板，然后将其朝水平方向弯曲。对大型元件，要做特殊处理，要有一定的机械强度，经得起振动和冲击。

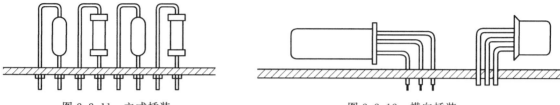

图 2.2.11　立式插装　　　　　　　　图 2.2.12　横向插装

（4）倒立插装与埋头插装　倒立插装与埋头插装如图 2.2.13 所示。这两种插装方法一般情况下应用不多，是为了特殊的需要而采用的插装方法。埋头安装可提高防震能力，降低安装高度，这种安装又称嵌入式安装。

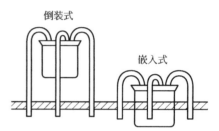

图 2.2.13　倒立插装和埋头插装

（5）晶体管的插装　晶体管的安装（图 2.2.14）一般以立式安装最为普遍，在特殊情况下也有采用横向或倒立插装的。不论采用哪一种插装方法其引脚都不能保留得太长，以防止降低晶体管的稳定性。一般留的长度为 3～5mm，但也不能留得太短，以防止在焊接时过热而损坏晶体管。

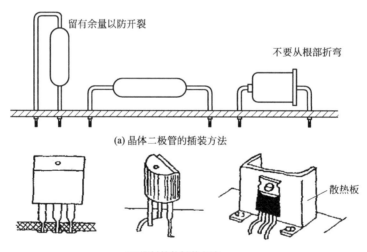

图 2.2.14　晶体二极管和塑封晶体管的安装

（6）集成电路的安装　集成电路的引脚较多，而且引脚间距很小，所以在装入前要弄清引线的排列顺序，检查引脚是不是和印制电路板的孔位相同，插入时不能用力过猛，防止弄断或弄偏引脚。

（7）变压器、电解电容器的安装　变压器、电解电容器体积和重量比晶体管和集成电路大而重，安装不当会影响整机质量。安装变压器时将固定脚插入印制电路板的相应孔位，然后将固定脚压倒并锡焊就可以了。较大体积的电源变压器一般采用螺钉固定，最好加上弹簧垫圈，以防止螺钉或螺母松动。

对于体积较大的电解电容器，可采用弹性夹固定。

5. 元器件引脚的成型

由于安装环境的限制，有些元器件的引脚在焊接到电路板上时需要折转或弯曲，但所有的引脚不能齐根折弯，如图 2.2.15(a) 所示，以防齐根折断，正确的方法如图 2.2.15(b) 所示。

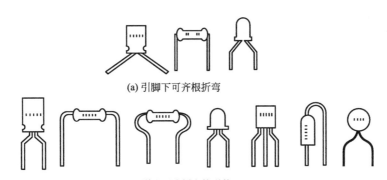

图 2.2.15　电子元器件引脚的成型

6. 拆焊

在调试维修中，由于焊接错误需要对焊点进行拆焊，在更换元件时也要拆焊，实际上就是将原来焊好的焊点进行拆除的过程，一般情况下拆焊比焊接更难。

拆焊一般需要的工具是吸锡电烙铁或专用拆焊电烙铁。一般采用镊子进行拆焊。用镊子夹住元器件的引脚，用电烙铁对被拆元器件的引脚焊点进行加热，待焊点的焊锡全部熔化时将其引脚拉出。这种方法是最基本的也是最常用的方法。

任务实施

1. 实训目标

（1）通过焊点的练习，掌握焊接的基本步骤和方法。

（2）通过印制电路板的焊接练习，初步掌握电子元件在印制电路板上的装配方法和焊接技能。

（3）掌握拆焊的操作要领。

2. 实训器材

内热式 20 W 电烙铁一把，镊子，电烙铁支架，焊锡，松香。万能电路板两块，导线若干，二极管、三极管、电阻器若干。

3. 实训内容

（1）焊点的练习。在万能电路板上将单股引脚或电阻器、二极管等插入焊盘，按照焊接操作步骤进行焊接，控制好焊接时间，保证焊点圆而光滑，无毛刺，焊锡量合适。

（2）印制板的焊接练习。在万能板上安装单相桥式整流电路。元件排列按照图 2.2.16 所示，连线按照原理图进行连接。

（3）拆焊练习。将焊点练习的万能板上的元器件进行拆焊。

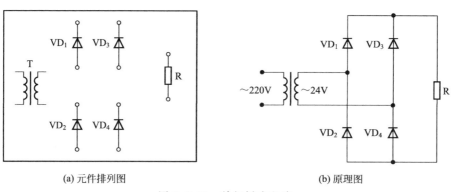

(a) 元件排列图　　　　　　　　　　　(b) 原理图

图 2.2.16　单相桥式电路

实训评价

焊接工艺实训评价标准见表 2.2.2。

表 2.2.2　焊接工艺实训评价表

班级		姓名		学号		组别		
项目	考核内容		配分/分	评分标准			自评	互评
焊点练习	焊接的操作要领,焊接质量		30	焊接操作要领不正确扣20分 焊点不够光滑,有毛刺,焊锡量过大或过小,每个焊点扣2分				
印制电路板上焊接练习	元件的成型插装焊接		30	元件成型不标准每个扣2分 没按照电路图将元件连接扣10分 电路焊接后不通,或有虚焊、假焊、空洞、焊料拉尖等扣5分				
拆焊练习	拆焊的操作练习		30	不能正确完成拆焊的扣30分 拆焊中造成元件损坏的每个扣5分 拆焊中造成万能板损坏的扣30分				
安全文明操作	工作台上工量具摆放整齐 严格遵守安全操作规程		10	工作台不整洁扣1～5分 违反安全操作规程,酌情扣1～5分				
	合计		100					

学生交流改进总结：

教师总结及签名：

知识拓展　　　焊接质量的检查

焊接结束后,为保证焊接质量,一定要进行检查。由于焊接检查与其他工艺不同,不能通过自动化进行检查,主要通过目视和手动检查来发现问题解决问题。

1. 质量检查

（1）目视检查。目视检查是外观上的检查，从外观上看焊点的缺陷。主要看是否有漏焊点，焊点焊料足不足，焊点周围是否有助焊剂，焊点是否有裂纹，是否有拉尖等。

（2）手动检查。手动检查主要是用手触摸元器件，是否有松动或焊接不牢的现象。对焊点轻微地晃动，看焊锡是否有脱落现象。

2. 焊接缺陷

造成焊接缺陷的原因很多。在材料和工具一定的情况下，采用什么方法以及操作者的技术，就是决定性的因素了。常见焊接缺陷及分析如表2.2.3所示。

表2.2.3 常见焊接缺陷及分析

焊点缺陷	针孔	焊料过少	焊料过多	桥接
产生原因	焊盘孔与引线间隙大	焊丝撤离过早	焊丝撤离过迟	焊锡过多 电烙铁撤离方向不对
危害	焊点易腐蚀	机械强度不足	浪费焊料	短路
焊点缺陷	气泡	剥离	松香焊	过热
产生原因	引脚与孔间隙过大 引脚浸润不良	焊盘镀层不良	加焊剂过多 焊接时间不足，加热不足 表面氧化膜未去除	电烙铁功率大 加热时间长
危害	可暂时通，但长时间易引起导通不良	断路	强度不足，导通不良	焊盘易剥落 元件失效
焊点缺陷	虚焊	不对称	拉尖	冷焊
产生原因	焊件清理不干净 助焊剂不足或质量差 焊件未充分加热	焊料流动性不好 助焊剂不足或质量差 加热不足	焊料不合格 加热过长	焊料未凝固时焊件抖动
危害	强度低，不通或时断时通	强度不足	容易造成桥接	强度低 导电性不好

3. 焊接工艺常用评价标准（满分40分）（比赛用）

（1）A级：所焊接的元器件的焊点适中，无漏、假、虚、连焊，焊点光滑、圆润、干净，无毛刺，焊点基本一致，引脚加工尺寸及成型符合工艺要求；导线长度、剥线头长度符合工艺要求，芯线完好，捻线头镀锡。得40分。

（2）B级：所焊接的元器件的焊点适中，无漏、假、虚、连焊，但个别（1～2个）元器件有下面现象：有毛刺，不光亮，或导线长度、剥线头长度不符合工艺要求，捻线头无镀锡。得 30～39 分。

（3）C 级：3～6 个元器件有漏、假、虚、连焊，或有毛刺，不光亮，或导线长度、剥线头长度不符合工艺要求，捻线头无镀锡。得 20～29 分。

（4）不入级：有严重（超过 7 个元器件以上）漏、假、虚、连焊，或有毛刺，不光亮，导线长度、剥线头长度不符合工艺要求，捻线头无镀锡。得 10 分。

（5）超过五分之一的元器件（15 个以上）没有焊接在电路板上。得 0 分。

思考与练习

1. 怎样选择电烙铁？
2. 焊锡和助焊剂各有哪些作用？
3. 焊接前电子元件为什么要搪锡？
4. 焊接操作共有几步？其操作要领是什么？

项目三

直流稳压电源的装接与调试

知识目标

(1) 理解直流稳压电路的工作原理。
(2) 了解稳压电源的种类。
(3) 理解集成电路 CW78××CW79×× 的功能。
(4) 熟悉电子产品装配与调试工艺。
(5) 熟悉仿真软件 Multisim11 和制版软件 Protel Dxp 2004 的使用方法。

技能目标

(1) 会编写直流稳压电路元器件明细表。
(2) 会检测、整形、插装、焊接通孔元器件。
(3) 能够仿真及搭建直流稳压电源电路。
(4) 会设计直流稳压电路印制电路板图。
(5) 会调试直流稳压电路,能排除直流稳压电路的简单故障。

项目概述

本项目为直流稳压电源电路的安装、测量与调试。通过对该电路进行分析掌握稳压电源的工作原理,通过仿真练习可以较好地理解其工作过程,通过搭建电路熟悉测试方法,进而完成整个稳压电源的制作。

任务一

直流稳压电源

任务描述

电子设备一般需要直流电源,直流电源除少数用电池外,大部分采用把交流电转变为直流电的直流稳压电源。本任务主要是理解稳压电路的工作原理及元器件的作用，能读懂稳压电源图纸，会编制稳压电路元件明细表。

任务分析

能将交流电转变成稳定直流电压输出的电路称为直流稳压电源，直流稳压电源是由电源变压器、整流电路、滤波电路和稳压电路组成，如图3.1.1所示。

图3.1.1 直流稳压电源原理框图

由于直流稳压电源作为电子产品的电源电路广泛存在，所以有必要理解其电路结构、组成、性能。在识别78/79系列三端集成稳压电路管脚和典型应用电路的基础上编写串联稳压电路元件明细表。

知识准备

一、直流稳压电源各部分的作用

直流稳压电源各级输出波形如图3.1.2所示。

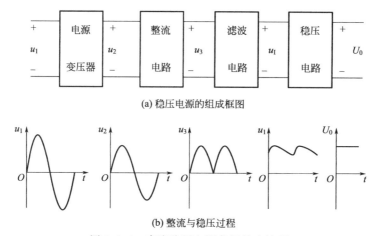

(a) 稳压电源的组成框图

(b) 整流与稳压过程

图3.1.2 直流稳压电源各级输出波形

1. 整流电路

把交流电转换为脉动直流电的电路称为整流电路，按照整流后输出波形的不同，整流电路可分为半波整流电路和全波整流电路（桥式整流电路），桥式整流电路应用比较广泛，如图3.1.3所示。

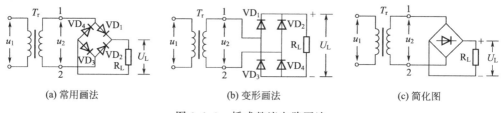

(a) 常用画法　　　　　　(b) 变形画法　　　　　　(c) 简化图

图3.1.3 桥式整流电路画法

单相桥式整流电路的工作过程：若二极管的正向压降为零，当 $u_2>0$ 时，VD_1、VD_3 导通，VD_2、VD_4 截止，电流方向如图 3.1.4(a) 所示，当 $u_2<0$ 时，VD_2、VD_4 导通，VD_1、VD_3 截止，电流方向如图 3.1.4(b) 所示。下个周期重复上述过程。

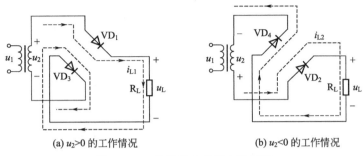

(a) $u_2>0$ 的工作情况　　　　　　(b) $u_2<0$ 的工作情况

图 3.1.4　单相桥式整流电路通路

图 3.1.5 为单相桥式整流电路的各工作波形。

2. 滤波电路

整流电路的输出电压不是纯粹的直流，从示波器观察整流电路的输出，与直流相差很大，波形中含有较大的脉动成分，称为纹波。为获得比较理想的直流电压，需要利用具有储能作用的电抗性元件（如电容、电感）组成的滤波电路来滤除整流电路输出电压中的脉动成分以获得直流电压。简单地说，把脉动的直流电转换为平滑直流电的电路称为滤波电路。常用的滤波电路如图 3.1.6 所示。

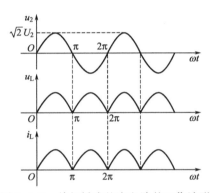

图 3.1.5　单相桥式整流电路的工作波形

桥式整流电容滤波的波形如图 3.1.7 所示。

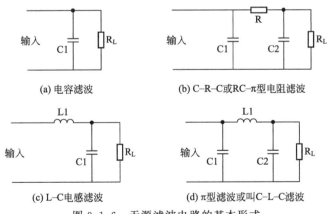

(a) 电容滤波　　　　　　(b) C–R–C或RC–π型电阻滤波

(c) L–C电感滤波　　　　　(d) π型滤波或叫C–L–C滤波

图 3.1.6　无源滤波电路的基本形式

3. 稳压电路

交流电经过整流可以变成直流电，但是它的电压是不稳定的：供电电压的变化或用电电流的变化，都能引起电源电压的波动。要获得稳定不变的直流电源，还必须再增加稳压电路。

（1）用硅稳压管作为调整元件的并联型稳压电路如图 3.1.8 所示。

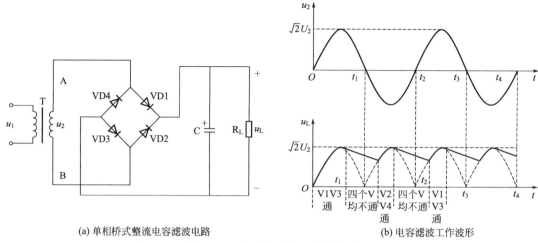

(a) 单相桥式整流电容滤波电路 (b) 电容滤波工作波形

图 3.1.7 桥式整流电容滤波电路

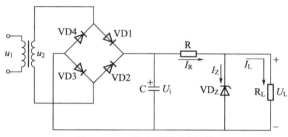

图 3.1.8 并联型稳压电路

其稳压原理如下。

① 当负载电阻不变，电网电压升高时，稳压过程如下

$$U_i\uparrow \rightarrow U_L\uparrow \rightarrow I_Z\uparrow \rightarrow I_R\uparrow \rightarrow U_R\uparrow$$
$$U_L\downarrow \leftarrow$$

反之亦然。

② 当电网电压不变，负载减小时，稳压过程如下

$$R_L\downarrow \rightarrow U_L\downarrow \rightarrow I_Z\downarrow \rightarrow I_R\downarrow \rightarrow U_R\downarrow$$
$$U_L\uparrow \leftarrow$$

反之亦然。

综上所述，利用稳压管电流的变化，引起限流电阻 R 两端电压变化达到稳压目的。电阻 R 不但起到限流作用，还起限压作用。

（2）用三极管作为调整元件的串联型稳压电路如图 3.1.9 所示。

其稳压原理如下。

当电网电压升高或 R_L 增大时，输出电压有上升的趋势，其稳压过程如下

$$U_L\uparrow \rightarrow U_{B2}\rightarrow U_{BE2}\rightarrow I_{B2}\uparrow \rightarrow U_{C2}(U_{B1})\downarrow \rightarrow U_{CE1}\uparrow$$
$$(R_L)\uparrow$$
$$U_L\downarrow \leftarrow$$

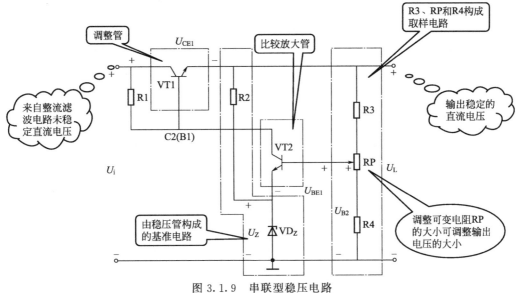

图 3.1.9 串联型稳压电路

上面的过程也可以概括为：

$$U_L\uparrow \rightarrow U_{CE1}\uparrow$$
$$U_L\downarrow \leftarrow$$

同理当电网电压降低或 R_L 减小时，其稳压过程与之相反。

$$U_L\downarrow \rightarrow U_{CE1}\downarrow$$
$$U_L\uparrow \leftarrow$$

（3）集成稳压电路。随着半导体集成电路工艺的发展，将调整、放大、基准、取样电路集成制作在一块硅片里，成为集成稳压电路。目前常用的是三端集成稳压器，有 CW78、CW79 系列。

三端固定式集成稳压器的封装及管脚排列形式如图 3.1.10 所示。

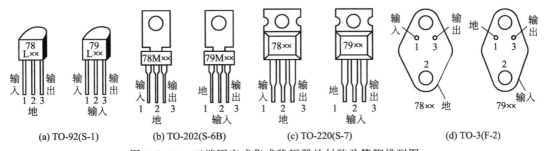

图 3.1.10 三端固定式集成稳压器的封装及管脚排列图

根据国家标准，其型号意义如下

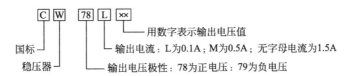

CW78 系列是输出固定正电压的稳压器，CW79 系列是输出固定负电压的稳压器。

集成稳压器的管脚极性和质量好坏可以用万用表的电阻挡测量其管脚间的正反向电阻来检测。选择万用表的 R×1k 挡，正测时，黑笔接稳压器的接地端，红笔依次接另外两个管脚；反测时，红笔接地端，黑笔依次接另外两端。若正反向电阻均很小接近于零，则可判断稳压器内部击穿损坏；若正反向电阻均无穷大，则稳压器已开路损坏；若测得稳压器的阻值不稳定，随温度变化而变化，说明稳压器的热稳定性不良。

三端集成稳压器的内部结构如图 3.1.11 所示。

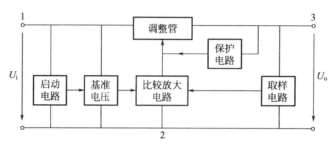

图 3.1.11 三端集成稳压器的内部结构图

三端集成稳压器组成的稳压电路如图 3.1.12 所示。

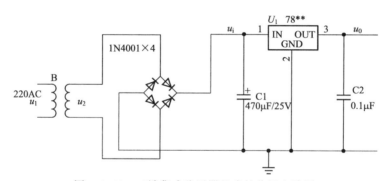

图 3.1.12 三端集成稳压器组成的稳压电路图

二、识图的基本知识

学会识图，有利于了解电子产品的结构和工作原理。有利于检测调试电子产品，快速维修电子产品。电子产品的电路图一般分为电路原理图、印制电路板图、方框图、装配图、接线图等。

电路原理图是详细说明电子元器件相互之间、电子元器件与单元电路之间、产品组件之间的连接关系，以及电路各部分电气工作原理的图样。在电路原理图中各元器件的文字符号的右下方都标有脚注序号，该脚注序号是按同类器件的多少来编制的，或是按照元器件的位置自左向右，或自上而下来进行顺序编号，一般情况下是用阿拉伯数字进行标注。如 R_1、R_2、C_1、C_2 等。图 3.1.13 是晶体管串联稳压电路的原理图。

识图的方法是，先了解产品的作用、特点、用途等，结合原理框图从上到下，从左到右，有信号输入端按信号流程，一个单元一个单元熟悉，一直到信号输出端。一般情况下电子产品的电源为直流电，因此有正反极之分。在分析电路时可以以"共用段即零电位"为基点来分析其他点的电压大小。零电位有的电路采用负极，有的电路采用正极，不要以为零电位都是负极。

项目三 直流稳压电源的装接与调试

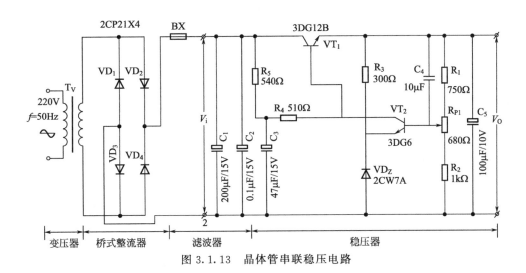

图 3.1.13 晶体管串联稳压电路

任务实施

1. 实训目标
(1) 学会分析电路工作原理。
(2) 学会填写元器件明细表。

2. 实训器材
每人一份晶体管串联稳压电路原理图。

3. 实训内容
按照电路原理图将元件标称、名称、规格填入表 3.1.1 中。

表 3.1.1 直流稳压电源电路元件名称规格表

序号	标称	名称	规格	序号	标称	名称	规格

任务评价

直流稳压电源原理分析评价内容按照表 3.1.2 执行。

表 3.1.2　直流稳压电源原理分析评价表

班级		姓名		学号		组别		
项目	考核内容		配分/分	评分标准			自评	互评
电路原理分析及元器件明细表填写	元件的识别		30	不能正确识别每个扣5分				
	明细表的填写		70	不能正确填写,每填错一个元件扣3分				
	合计		100					

学生交流改进总结：

教师总结及签名：

知识拓展

三端集成稳压器内部电路设计完善，辅助电路齐全，只需连接很少外围元件，就可以构成一个完整电路，并实现提高输出电压、扩展电流以及输出电压可调等功能。图 3.1.14～图 3.1.17 是几种常用的电路。

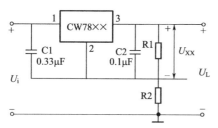

图 3.1.14　提高输出电压的稳压电路图

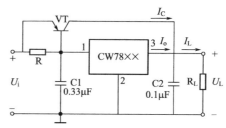

图 3.1.15　扩大输出电流的稳压电路

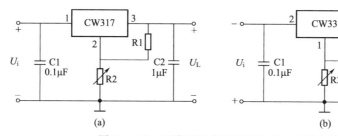

图 3.1.16　三端可调式稳压器的基本应用电路

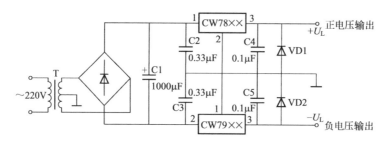

图 3.1.17　同时输出正负电压的稳压电路

项目三　直流稳压电源的装接与调试　51

> **思考与练习**

1．直流稳压电源主要由哪几部分组成？各组成部分分别起什么作用？
2．在单相桥式整流电路中，4只二极管极性全部接反，对输出有何影响？如果其中一只二极管断开、短路或接反时，对输出有何影响？
3．三端集成稳压器的管脚是如何排列的？
4．如何判别集成稳压器的质量好坏？

任务二　▷▷▷
直流稳压电源的仿真

> **任务描述**

利用电子仿真软件Multisim11设计±15V稳压电源电路。要求绘图美观、合理。放置相关仪表并对电路关键点进行测量，保存文件时要保留必要的虚拟仪器、仪表。

> **任务分析**

在MULTISIM11.0电子仿真软件中合理选择元器件，用电子仿真软件设计±5V稳压电源电路；用虚拟电压表测量电路各关键点的电压值；用虚拟示波器测量电路各关键点的电压波形；利用所掌握的理论知识分析各电子元件在电路中所起的作用；从而总结出电路的工作原理。

> **知识准备**

一、电子仿真软件 Multisim11

电子仿真软件Multisim是一个专门用于电子电路仿真与设计的EDA工具软件。作为Windows下运行的个人桌面电子设计工具，NI Multisim是一个完整的集成化设计环境。NI Multisim计算机仿真与虚拟仪器技术可以很好地解决理论教学与实际动手实验脱节的这一问题。学生可以很方便地把刚刚学到的理论知识用计算机仿真真实地再现出来，并且可以用虚拟仪器技术创造出真正属于自己的仪表。其特点是具有直观的界面图形、丰富的元器件和测试仪器、强大的仿真能力、完备的分析手段、完善的后处理等。

二、直流稳压源的仿真

（一）元件布置

从仿真元件库中调出元件，根据电气原理图在工作界面摆放布局。

1．交流电源

Sources库→POWER_SOURCES→AC_POWER→ ～ 220V、50Hz。

2. 变压器

Basic 库→transformer→AUDIO_10_TO_1→ ⫯⫯ 。

3. 整流桥

Diode 库→fwb→1B4B42→ ◇ 。

4. 电容器

Basic 库→capacitor-electrolit→1000μF→ ⊣⊢ 。

5. 电容器

Basic 库→capacitor→0.33μF→ ⊣⊢ 。

6. 三端集成稳压电路 LM7815

Power→voltage→regulator→LM7805CT→ ▭ 。

7. 二极管

Diode 库→diode→1N4007→ ▷| 。

8. 电阻器

Basic 库→resistor→ ▭ 。

9. 地

Sources→power_sources→ground→ ⏚ 。

10. 三端集成稳压电路 LM7915

Power→voltage→regulator→LM7905CT→ ▭ 。

布置好的电源电路如图 3.2.1 所示。

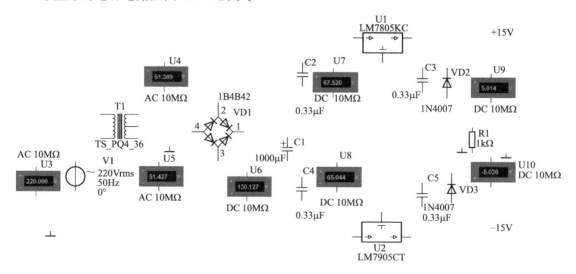

图 3.2.1　直流稳压电源电路元件布置图

(二) 分解电路,由小到大,逐步实现

1. 双电源变压器电路的仿真

双电源变压器高压侧和低压侧仿真电路如图 3.2.2 所示,波形如图 3.2.3 所示。

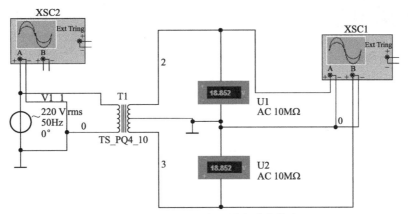

图 3.2.2 双电源变压器电路的仿真

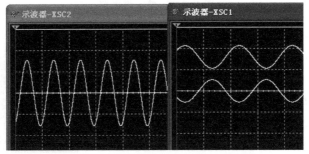

图 3.2.3 变压器高压侧和低压波形图

对比变压器两端波形我们发现,都是正弦波(交流电的特性)。

结论一:变压器只改变电压的大小,不改变电压的性质;对比双电源变压器两个输出端电压波形,发现两个波形的相位反相。

结论二:两个输出波形的方向相反,但大小(绝对值)相等;说明输出电压是正、负对称电压。

2. 整流电路部分

二极管具有单向导电性,因此可以作为整流元件使用。整流电路有半波和桥式全波整流。一般在桥式整流电路中的四个二极管做成整流桥堆。图 3.2.4 是单个二极管组成的半波整流电路。

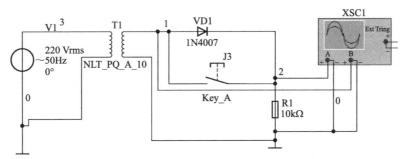

图 3.2.4 单个二极管组成的半波整流电路

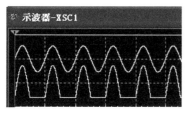

图 3.2.5 整流二极管
正极负极波形图

二极管整流：整流前波形是交流电（正弦波），整流后是直流电（半波整流，脉动直流）。

单相导电性：当交流电在正半周时，二极管正极电位高，负极电位低，正向偏置导通；正半周时，在负极可以观察到波形。当交流电在负半周时，二极管正极电位低于负极电位，反向偏置不导通；因此，负半周时，二极管负极没有波形，如图 3.2.5 所示。

图 3.2.6 是整流堆电路。

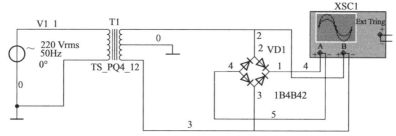

图 3.2.6 整流堆电路

整流桥堆克服了单个二极管整流的缺点，在交流电的正、负半周都有电压（直流电）输出，如图 3.2.7 所示。

3. 滤波电路

电容器是储能元件，利用电容器的充、放电就能实现对波形的滤波，其特点是通交流，阻直流；通低频，阻高频。电容器：分成有正、负极的电解电容和没有正负极的电容。电容滤波电路如图 3.2.8 所示。

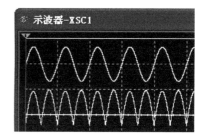

图 3.2.7 整流桥输入输出波形图

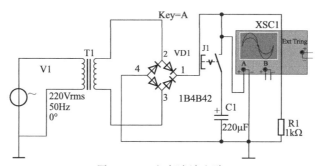

图 3.2.8 电容滤波电路

没有电容滤波时，整流桥输出的是脉动直流电。脉动幅度大，不适合电子电路使用。有电容滤波时，整流桥输出的是稳恒直流电。电容器能通过电压平均值，增加平滑性。电容滤波电路滤波效果如图 3.2.9 所示。

4. 正、负对称输出两组电源的稳压仿真电路

三端集成稳压器是将串联型稳压电路中的调整电路、取样电路、基准电路、放大电路、启动及保护电路集成在一块芯片上的集成模块。78 系列是正电源，79 系列是负电源。二极管 IN4148 用于保护稳压器。R_L 为负载电阻。

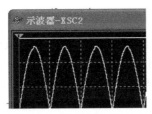 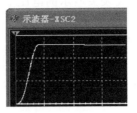

(a)没有滤波电容时的波形图（脉动成分大）　　(b)有电容滤波时的波形图（平滑性好）

图 3.2.9　电容滤波电路滤波效果

正、负对称输出两组电源的稳压仿真电路如图 3.2.10 所示。

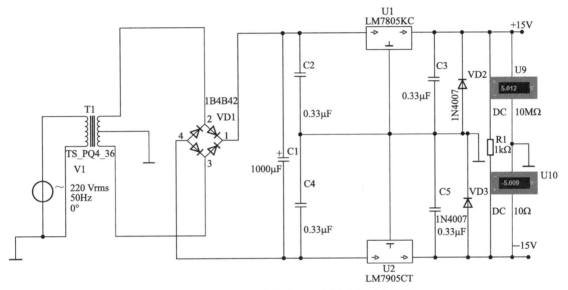

图 3.2.10　±5V 对称输出两组电源的稳压电路图

在 Multisim11 中用虚拟电压表测量电路关键点电压值，虚拟电压表的接法如图 3.2.11 所示。

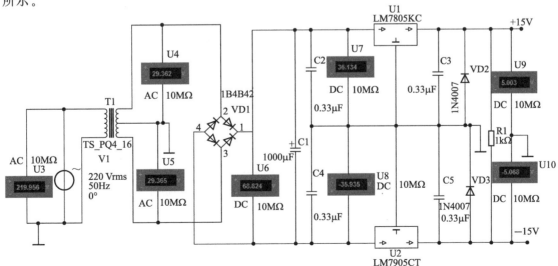

图 3.2.11　±5V 输出稳压电源关键点电压测量电路

观察读出电压表表头显示的电压值。

电压表挡位：U3 号表为测量交流电压挡位，测定的交流电压有效值为 220V。

电压表挡位：U4、U5 号表为测量交流电压挡位，测定的交流电压有效值约为 29V。

电压表挡位：U6 号表为测量直流电压挡位，测定的直流电压有效值约为 69V。

电压表挡位：U7、U8 号表为测量直流电压挡位，测定的直流电压有效值约为 36V 和 -36V。

电压表挡位：U9、U10 号表为测量直流电压挡位，测定的直流电压有效值约为 +5V 和 -5V。

稳压电源电路的工作过程如下。

降压电路：带中心抽头的变压器把 220V 交流电降压成双 29V 交流电供给整流电路使用。

整流电路：整流桥把输入的交流电整流成直流电输出，供给滤波和稳压电路使用。

滤波电路：由电容器组成的滤波电路起到防止自激振荡、滤除高频噪声干扰的作用。

稳压电路：由 LM7805 和 LM7905 组成，提供输出 ±5V 稳恒直流电压的作用。

用四踪示波器测量 ±5V 输出稳压电源关键点电压波形。

(1) 交流电波形（变压器输入端波形）→交流电波形为正弦波；
(2) 带中心抽头的变压器输出端波形→变压器输出端波形为正弦波；
(3) 整流桥输入端波形→整流桥输入端波形为正弦波；
(4) 整流桥输出端波形→整流桥输出端波形为脉动直流电；
(5) 三端集成稳压电路 LM7805 输出波形→为 +5V 稳恒直流电；
(6) 三端集成稳压电路 LM7905 输出波形→为 -5V 稳恒直流电。

四踪示波器测量 ±5V 输出稳压电源关键点电压波形的接线图如图 3.2.12 所示，波形如图 3.2.13 所示。

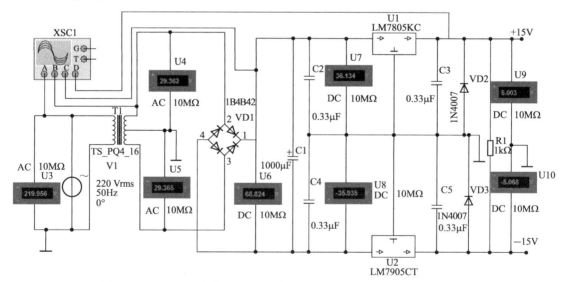

图 3.2.12　四踪示波器测量 ±5V 输出稳压电源关键点电压波形接线图

从示波器选择的量程可以观察到时间轴选 10ms/每分格，A 通道选 500V/每分格，通道 A 测量交流电源电压值约为 220V；通道 A 测量变压器输入端电压值约为 220V。B 通道选 100V/每分格，通道 B 测量变压器输出端电压值约为 30V。

项目三　直流稳压电源的装接与调试

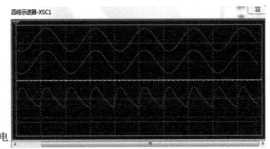

- 交流电源输出的波形为正弦波
- 变压器输出端的波形为正弦波
- 整流桥输出端的波形为脉动直流电
- 三端集成稳压电路的输出波形为稳恒直流电

图 3.2.13　四踪示波器测量±5V 输出稳压电源关键点电压波形图

结论：变压器的降压作用把 220V 交流电降压为 30V 交流电。

C 通道选 20V/每分格，通道 C 测量整流桥输出端电压值约为 80V 直流电。

结论：整流桥把输入端的交流电整流成输出端的直流电。

LM7805 输入电压为 36V，输出电压为 5V。

D 通道选 5V/每分格，通道 D 测量三端集成稳压电路 LM7805 输出端电压值约为 5V 直流电。

结论：LM7805 其中 78 表示正电压输出，05 表示输出电压为+5V。LM7905 输入电压为−36V，输出电压为−5V。79 表示负电压输出，05 表示输出电压为−5V。

任务实施

1. 实训目标

（1）会使用仿真软件。

（2）掌握直流稳压电源的电路仿真和测量。

2. 实训器材

安装有仿真软件的计算机每人一台。

3. 实训内容

按照直流稳压电源的几个部分分别进行图形的绘制，导线的连接，虚拟仪表的连接并进行测量。

实训评价

稳压电源仿真练习的实训评价按照表 3.2.1 的内容进行。

表 3.2.1　稳压电源仿真练习评价表

班级		姓名		学号		组别			
项目	考核内容		配分/分		评分标准			自评	互评
直流稳压电源的仿真练习	元件库中正确调出元件		20		不能正确调出每个扣 5 分				
	元件参数的设置		20		不能正确设置元件参数每个扣 5 分				
	元件的连线		10		不能正确连接导线及测量仪表每处扣 5 分				
	仪表测量		40		不能正确选择仪表的每处扣 5 分 不能正确测量输出波形的每处扣 5 分				

			续表
安全规范	10	工作服要穿戴整齐,操作工位卫生要良好 检查计算机鼠标键盘完好情况 检查计算机电源插头部位、连接情况 离开机位,检查关机、断电情况 没按照上述要求规范的适当扣分	
合计	100		

学生交流改进总结:

教师总结及签名:

知识拓展

电子线路中运算放大器经常用到±12V稳压电源。在一个电路中同时还会用到±5V稳压电源。

使用电子仿真软件设计符合的稳压电源电路。

思考与练习

1. Multisim11 电子仿真软件都能仿真哪几类电路？
2. 仿真软件中的虚拟仪表和真实仪表性能一样吗？

任务三
搭建直流稳压电源

任务描述

使用 YL-290 单元电子电路模块，根据给出的直流稳压电源电路原理图（图3.3.1），在 YL-290 中正确选择单元电子电路模块，搭建直流稳压电源电路。

任务分析

认真分析直流稳压电源电路，根据功能需求选择单元电路模块（双12V变压器、整流桥、LM7805、LM7905），各模块间要根据电路工作需要选用合适的导线连接。搭建±5V直流稳压电源。

知识准备

输出±5V直流稳压电源的原理图如3.3.1所示。

项目三 直流稳压电源的装接与调试

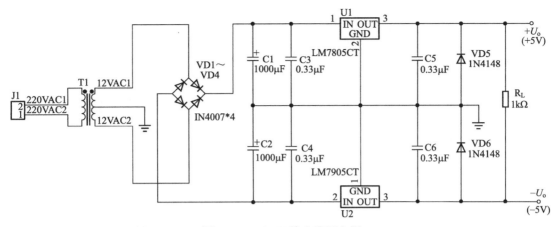

图 3.3.1　±5V 输出稳压电源

根据电路原理图在给定的 290 模块中选择合适的模块进行电路搭建。选择的模块如图 3.3.2 所示。

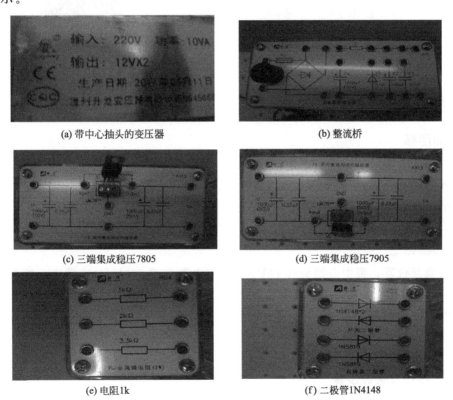

(a) 带中心抽头的变压器　　　　　　　(b) 整流桥

(c) 三端集成稳压7805　　　　　　　(d) 三端集成稳压7905

(e) 电阻1k　　　　　　　　　　　(f) 二极管1N4148

图 3.3.2　搭建直流稳压电源需要的 290 模块

根据电路原理搭建后的布局及导线连接如图 3.3.3、图 3.3.4 所示。

搭建完毕后用万用表测量输出电压值如图 3.3.5、图 3.3.6 所示。

利用万用表测量时，要注意挡位要选在电压挡，量程要大于被测电压值，如图 3.3.7 所示。

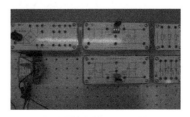

图 3.3.3　±5V 直流稳压电源电路布局

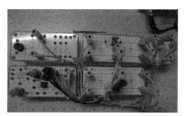
图 3.3.4　±5V 直流稳压电源电路拉筋导线

图 3.3.5　直流稳压电源电路测量＋5V

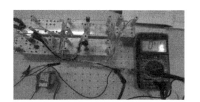
图 3.3.6　直流稳压电源电路测量－5V

图 3.3.7　万用表的正确挡位

任务实施

1. 实训目标

（1）熟悉 290 模块的结构、电路原理；

（2）能够使用 YL290 模块搭建直流稳压正、负电源电路；

（3）掌握直流稳压正、负电源电路的接线与调试；

（4）能够绘制测量直流稳压正、负电源电路波形；计算周期、频率。

2. 实训器材

（1）电源及仪器：带中心抽头的 17V×2 交流电源（或 220V/34V 带中心抽头的 10V·A 的变压器），直流电压表，数字万用表，示波器。

（2）模块：R03（330Ω、510Ω、2W）、VD2（1N4148×2）、组合模块 AX1（利用它上面的桥式整流与熔断器）、AX12、AX13、BX09（三极管插座）。

（3）元件：三端稳压模块 7805 及 7905。

3. 实训内容与实训步骤

（1）对照正、负对称输出两组电源的稳压电路识别 7805 与 7905 的管脚（它们两个并不相同），将 7805 与 7905 接入 AX12 及 AX13（请注意 AX12 与 AX13 印制板上接插件的连接线是不同的）。

（2）按照正、负对称输出两组电源的稳压电路完成接线，经检查无误后进行通电测试，并用直流电压表测量空载时输出端间的电压（U_{AB}）及它们对地间的电压（U_{AO}、U_{BO}），并作记录（填表 3.3.1 中）。

（3）将负载 R_{L1}（330Ω、2W）接在正电源上（对地），将负载 R_{L2}（510Ω、2W）接在负电源上（对地），分别测量负载上的电压 U'_{AO}、U'_{BO} 及输出端间的电压 U'_{AB}（填表 3.3.1 中）。

项目三 直流稳压电源的装接与调试

表 3.3.1 稳压电路测试数据表

测试点	U_{AB}	U_{AO}	U_{BO}	U'_{AO}	U'_{BO}	U'_{AB}
电压值						

任务评价

直流稳压电源电路的搭建评价按照表 3.3.2 执行。

表 3.3.2 直流稳压电源电路搭建评价表

班级		姓名		学号		组别		
项目	考核内容		配分/分		评分标准		自评	互评
直流稳压电源的搭建	元器件模块的识别		15		能找出基本模块,每个给3分,共15分。不能正确选择识别的每个扣3分			
	元器件的插装		15		能够完整地根据直流稳压电源电路图搭建电路,功能全部实现的给15分 没有功能的不给功能分			
	元器件的连线		20		排列紧凑,地线、电源线、信号线着色统一给20分。不能正确连接导线的每处扣5分			
	仪表测量		40		不能正确使用仪表测量的扣5分 不能正确找到测量点的每处扣5分 测量结果不正确的每处扣3分			
	安全规范		10		工作服要穿戴整齐,操作工位卫生要良好 没按照上述要求规范的适当扣分			
	合计		100					

学生交流改进总结:

教师总结及签名:

知识拓展

搭建直流稳压电源电路。要求:该电源电路能同时提供±12V 和±5V 直流稳压电源电路。分析电路,选择单元电路模块,各模块间要根据电路工作需要选用合适的导线连接。通电前要用万用表欧姆挡测量导线连接情况。确认连接正确、无误后才能通电。

通电调试:先用万用表电压挡测量,确保各关键点电压正常后,用示波器测量电压波形。

思考与练习

1. 搭建电路时用到 LM7805 和 LM7905,接线座上的标识怎样和元器件一一对应?
2. 写出直流稳压电源电路的搭建步骤和调试方法。

任务四

设计直流稳压电源电路的 PCB 板

任务描述

利用电脑设计软件 Protel Dxp 2004 绘制直流稳压电源电路单面印刷电路板。用三维图观察布局效果。

任务分析

本任务是按照直流稳压电源电路电气原理图和电子元件实际尺寸设计电子元件封装，并进一步完成直流稳压电源电路的印刷电路板的设计；根据电子元件安装方式，确定元件封装形式；画出直流稳压电源电路结构框图；能够导出元件明细表。

知识准备

一、PCB 板的绘制

在电脑上运行 Protel Dxp 2004。

1. 创建一个 PCB 项目

Protel Dxp 2004→文件→创建→PCB 项目→PCB _ Project1.prjPCB。

2. 添加新文件到项目 PCB-Project1.prjPCB 中

在项目中分别添加原理图文件、PCB 文件、原理图库文件、PCB 库文件。

（1）PCB-Project1.prjPCB→追加新文件到项目中→Schematic→Sheet1.SchDoc。

（2）PCB-Project1.prjPCB→追加新文件到项目中→PCB→PCB1.PcbDoc。

（3）PCB-Project1.prjPCB→追加新文件到项目中→Schematic library→Schlib1.Schlib。

（4）PCB-Project1.prjPCB→追加新文件到项目中→PCB library→Pcblib1.Pcblib。

3. 统一文件名

（1）Sheet1.SchDoc→保存→保存在 Examples→文件名→Sheet1→直流稳压电源→复制→保存→直流稳压电源.SchDoc。

（2）PCB1.PcbDoc→保存→保存在 Examples→文件名→PCB1→粘贴→直流稳压电源→保存→直流稳压电源.PcbDoc。

（3）Schlib1.Schlib→保存→保存在 Examples→文件名→Schlib1→粘贴→直流稳压电源→保存→直流稳压电源.SchDoc。

（4）Pcblib1.Pcblib→保存→保存在 Examples→文件名→Pcblib1→粘贴→直流稳压电源→保存→直流稳压电源.PcbLib。

（5）Project1.prjPCB→保存→保存在 Examples→文件名→Project1→粘贴→直流稳压电源→保存→直流稳压电源.PcbLib.prjPCB。

4. 绘制原理图

（1）直流稳压电源.SchDoc界面→浏览元件库→Miscellaneous Devices.IntLib库→RES→RES2→ →TAB→R1→CTRL→放置RL。

（2）CAP→CAP→ →TAB→C1→CTRL→连续放置多个电容C3~C6。

（3）CAP→Cap Pol2→ →TAB→C2→CTRL→连续放置多个电解电容C1、C2。

（4）Search...→元件库查找→LM7805→路径中的库→查找→LM7805CT→ →TAB→标识符→U？→U1→放置三端集成稳压电路。

（5）Search...→元件库查找→LM7905→路径中的库→查找→LM7905CT→ →TAB→标识符→U？→U2→放置三端集成稳压电路。

（6）Bridge→Bridge1→ →TAB→标识符→D？→VD1~VD4→放置整流桥。

（7）DIODE→Diode→ →TAB→标识符→D？→VD5→放置二极管VD5、VD6。

（8）RES→Res2→ →TAB→标识符→R？→RL→放置负载电阻。

（9）Miscellaneous Connectors.IntLib→Header 2→ →TAB→标识符→P？→J1→放置接线柱J1、J2。

5. 合理布局连接导线

在原理图编辑界面把电子元件按照电路信号走向布局。根据电气原理图连接导线。绘制的电路图如图3.4.1所示。

注意：用网络标签标识电源线和地线。

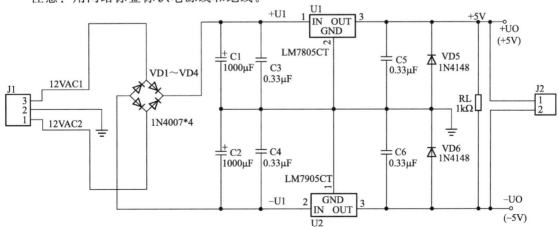

图3.4.1　直流稳压电源电路电气原理图

6. 把电气原理图转换成 PCB

单击设计→下拉→单击 Updata，把电气原理图转换成 PCB。

7. PCB 布局

在 PCB 界面删除网格，按照信号走向布局。

8. 布线

单击自动布线→全部对象→编辑规则→打开 PCB 规则和约束编辑器→routing layers→选择布线层底层布线 bottom layer；选择宽度规则 width→选择 30mil→单击确定开始布线。

9. 工具栏→设计规则检查

10. 定义 PCB 板尺寸

设计→PCB 板形状→重新定义 PCB 板形状。

11. 覆铜

放置覆铜→选择覆铜模式→连接网络接地；分别选择顶层和底层覆铜；保存文件。

12. 三维 PCB 板

PCB 模式→查看→显示三维 PCB 板。

生成的直流稳压电源的 PCB 板和三维 PCB 板如图 3.4.2 和图 3.4.3 所示。

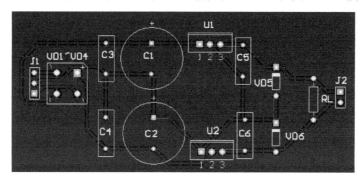

图 3.4.2　直流稳压电源电路 PCB 板

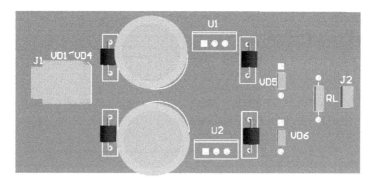

图 3.4.3　直流稳压电源电路三维 PCB 板

二、生成网络表

在电脑上运行 Protel Dxp 2004 软件，在原理图界面点击→设计→设计项目的网络表→Protel，生成的网络表及原理图 SCH 与 PCB 接口如表 3.4.1 和表 3.4.2 所示。

表 3.4.1 直流稳压电源的网络表

元件标识符	元件封装名称	元件库参考	元件标识符	元件封装名称	元件库参考
VD1～VD4	E-BIP-P4/D10	Bridge1	RL	AXIAL-0.4	Res2
C1	CAPPR5-5×5	Cap Pol2	VD5	DIO7.1-3.9×1.9	1N4148
C2	CAPPR5-5×5	Cap Pol2	VD6	DIO7.1-3.9×1.9	1N4148
C3	CAPR2.54-5.1×3.2	Cap	+UO	TP	TP
C4	CAPR2.54-5.1×3.2	Cap	−UO	TP	TP
C5	CAPR2.54-5.1×3.2	Cap	12VAC2	J1-1	VD1～VD4-4
C6	CAPR2.54-5.1×3.2	Cap	12VAC1	J1-3	VD1～VD4-2
U1	T03B	LM7805CT	J1	HDR1×3	Header 3
U2	T03B	LM7905CT	J2	HDR1×2	Header 2

表 3.4.2 原理图 SCH 与 PCB 接口

原理图 SCH 与 PCB 的接口	解释	原理图 SCH 与 PCB 的接口	解释	原理图 SCH 与 PCB 的接口	解释
NetC1_1 C1-1 C3-1 U1-1 VD1～VD4-3	网络端口 C1-1 有 4 个元件和它相连	Net-UO_1 -UO-1 C6-2 J2-2 RL-1 U2-3 VD6-1	网络端口 −5V 有 5 个元件和它相连	GND C1-2 C2-1 C3-2 C4-1 C5-2 C6-1 J1-2 U1-2 U2-2 VD5-1 VD6-2	网络端口 GND 有 11 个元件和它相连
NetC2_2 C2-2 C4-2 U2-2 VD1～VD4-1	网络端口 C2-2 有 4 个元件和它相连	Net+UO_1 +UO-1 C5-1 J2-1 RL-2 U1-3 VD5-2	网络端口 +5V 有 5 个元件和它相连		

任务实施

1. 实训目标

（1）能够掌握 Protel Dxp 2004 基本使用方法。

（2）掌握 Protel Dxp 2004 元件库中英文对照表。

（3）能够实现直流稳压电源电路的 PCB 设计。

2. 实训器材

安装有 Protel Dxp 2004 软件的计算机每人一台。

3. 实训内容

完成直流稳压电源电路的印刷电路板设计。要求用三维图观察布局情况。能够导出网络表和元件明细表。

任务评价

直流稳压电源 PCB 板的实训评价按照表 3.4.3 执行。

表 3.4.3 直流稳压电源 PCB 板设计评价表

班级		姓名		学号		组别	
项目	考核内容	配分/分	评分标准		自评	互评
Protel Dxp 2004 设计直流稳压电源电路的 PCB 板	Protel Dxp 2004 绘制电气原理图	60	按照要求存盘(10分) 所有元器件,包括符号(国标)、标号和标称值(或型号)等画齐(20分)。错或漏写一个扣2分。电阻单位不能漏写"Ω",电容器容量单位也要完整,如"μF、pF",不能写成"uF"。如单位没写或写错,每一种单位扣10分 元器件连线正确(20分)。错或漏画一条连线扣1分 整体(10分): (1)J1、J2 扣线插座、电源、地(共5分);J1、J2 缺失或没有标写可扣3分。J2 扣线插座没有标出 V_{CC} 和地扣1分 (2)元器件布局合理(3分);元器件缺失可扣3分 (3)走线简洁、整图美观(2分)。未完全画齐元器件的,这小项不给分			
	直流稳压电源的 PCB 制作	20	没按照要求制作的或制作没成功的扣20分			
	网络生成表	10	不能生成网络表的扣10分			
	安全规范	10	工作服要穿戴整齐,操作工位卫生要良好 没按照上述要求规范的适当扣分			
	合计	100				

学生交流改进总结:

教师总结及签名:

知识拓展

利用自己设计的印刷电路板图,使用制板设备亲自制作稳压电路单面覆铜板。

思考与练习

制作印刷电路板的步骤是什么？

任务五 ▷▷▷
直流稳压电源装配与检测

任务描述

利用万能试验板和实际的元器件装配一个输出±5V的稳压电源电路。

任务分析

根据给出的±5V输出稳压电源电路原理图（图3.3.1），将选择的元器件准确地焊接在提供的万能试验电路板上。

要求：元器件焊接安装无错漏，元器件、导线安装及元器件上字符标识方向均应符合工艺要求；电路板上插件位置正确，接插件、紧固件安装可靠牢固；线路板和元器件无烫伤和划伤处，整机清洁无污物。

知识准备

在给定的元器件中分别选择出如图3.5.1所示元件进行认识。

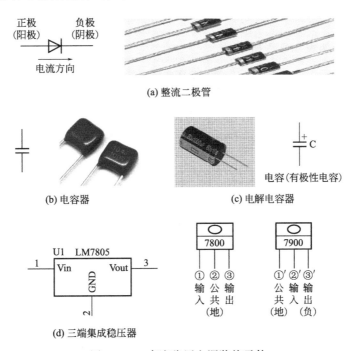

(a) 整流二极管

(b) 电容器　　(c) 电解电容器

(d) 三端集成稳压器

图3.5.1　直流稳压电源装接元件

任务实施

1. 实训目标

（1）掌握集成稳压器78、79系列的使用方法和测试方法。
（2）掌握集成稳压电路的安装和调试。
（3）能够使用示波器测量直流稳压电源电路波形。

2. 实训设备

（1）工具及仪表：带中心抽头的17V×2交流电源（或220V/34V带中心抽头的10V·A的变压器），直流电压表，万用表和示波器等。

（2）装配直流稳压电源电路元件清单

从Protel Dxp 2004导出元件明细表：在原理图模式下，点击"报告"，点击"simple BOM"，导出元件明细表。

Bill of Material for 正负5V对称输出两组电源的稳压电路.PRJPCB
On 2015/8/26 at 11：57：02

Comment	Pattern	Quantity	Components	
1N4148	DIO7.3-9×1.9	2	VD5，VD6	High Conductance Fast Diode
Bridge1	E-BIP-P4/D10	1	VD1～VD4	Full Wave Diode Bridge
Cap Pol2	CAPPR5-5×5	2	C1，C2	Polarize Capacicor（Axial）
Cap	CAPR2.54～5.1×3.2	4	C3，C4，C5，C6	Capacicor
Header 2	HDR1×2	1	J2	Header，2-Pin
Header 3	HDR1×3	1	J1	Header，3-Pin
LM7805CT	T03B	1	U1	Series 3-Terminal Positive Regulator
LM7905CT	T03B	1	U2	3-Terminal Negative Regulator
Res2	AXIAL-0.4	1	RL	Resistor
TP	PCBComponent_1-duplicatel	2	+UO，-UO	
Trans CT Ideal	TRF_5	1	T1	Cencer-Tapped Transformer（Ideal）

由英文模式整理如表3.5.1所示。

表 3.5.1 直流稳压电源电路元器件表

序号	标称	名称	规格	数量	封装	元件库
1	BG1	桥整流堆 Bridge1	RS307	1	E-BIP-P4/D10	Miscellaneous Devices.IntLib Bridge1
2	C4	电容 Capacitor	0.33μF/50V	1	CAPR2.54-5.1×3.2	Miscellaneous Devices.IntLib Cap
3	C1	电解电容 Capacitor	1000μF/50V	1	CAPPR2-5×6.8	Miscellaneous Devices.IntLib Cap Pol2
4	C3	电容 Capacitor	0.33μF/50V	1	CAPR2.54-5.1×3.2	Miscellaneous Devices.IntLib Cap
5	C2	电解电容 Capacitor	1000μF/50V	1	CAPPR2-5×6.8	Miscellaneous Devices.IntLib Cap Pol2

续表

序号	标称	名称	规格	数量	封装	元件库
6	C5	电容 Capacitor	0.33μF/50V	1	CAPR2.54-5.1×3.2	Miscellaneous Devices.IntLib Cap
7	C6	电解电容 Capacitor	0.33μF/50V	1	CAPPR2-5×6.8	Miscellaneous Devices.IntLib Cap Pol2
8	RL	电阻 Resistor	1kΩ	1	AXIAL-0.4	Miscellaneous Devices.IntLib
9	J1	电源插座 Header 3,3-Pin,	Part J1	1	HDR1×3	Miscellaneous Connectors.IntLib Header 3H
10	J2	电源插座 Header 2 2-Pin	Part J2	1	HDR1×2	Miscellaneous Connectors.IntLib Header,2-Pin
11	U1	集成块 Mounted;3 In-Line Leads;Pitch 2.54mm	LM7805	1	T03B	NSC Power Mgt Voltage Regulator.IntLib LM7805CT
12	U2	集成块 Mounted;3 In-Line Leads;Pitch 2.54mm	LM7905	1	T03B	NSC Power Mgt Voltage Regulator.IntLib LM7905CT

3. **实训内容**

（1）直流稳压电源的装配

① 按照给出的元件，合理选择元器件并对元器件进行检测。

② 清除元器件的氧化层并搪锡。

③ 剥去电源连接线及负载连接线的线端绝缘，清除氧化层，并进行搪锡处理。

④ 将处理好的元器件在万能板上安装，元器件基本排列方式如图3.5.2所示。

（2）直流稳压电源的焊接　各元件经检查无误后，用硬铜导线根据电路的电气连接关系进行布线并按照焊接工艺进行焊接固定，焊接元件时，可用镊子捏住焊件的引线，这样既方便焊接又有利于散热。直流稳压电源的焊接面如图3.5.3所示。

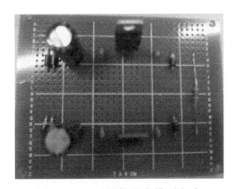

图3.5.2　元器件基本排列方式

图3.5.3　直流稳压电源的焊接面

(3) 直流电源的测试

① 焊接好的电路经教师检查无误后,通电测量。用万用表的直流挡测量两个集成稳压电路的输入电压和输出电压(空载电压)。

输出端接入负载 $R_L = 51\Omega$,再次测量输入电压和输出电压并进行比较(图 3.5.4、图 3.5.5)。测量数据填入表 3.5.2 中。

图 3.5.4　直流稳压电源的测量正电压

图 3.5.5　直流稳压电源的测量负电压

表 3.5.2　直流稳压电源电路测量数据表

项目	空载时		有载时	
	输入 U_i	输出 U_o	输入 U_i	输出 U_o
CW7805				
CW7905				

② 用示波器测量波形。在正确完成电路的安装与调试后,使用给出的仪器,对相关电路进行测量,并把测量的结果填在表 3.5.3 中。

表 3.5.3　示波器测量结果表

波形	周期	幅度
	量程范围	量程范围
	量程范围	量程范围

任务评价

稳压电源的装配焊接测量评价按照表3.5.4执行。

表3.5.4 稳压电源的装配焊接测量评价表

班级		姓名		学号		组别		
项目	考核内容	配分/分		评分标准			自评	互评
直流稳压电源的装配、焊接和测量	稳压电源的装接	20	元件选择错误的每个扣2分 不能正确检测元件的每个扣2分 元件未处理的每个扣2分 元器件安装不正确的每个扣2分					
	稳压电源的焊接	40	A级：焊接安装无错漏，电路板插件位置正确，元器件极性正确，接插件、紧固件安装可靠牢固，电路板安装对位；整机清洁无污物。得40分 B级：元器件均已焊接在电路板上，但出现错误的焊接安装(1~2个)元器件；或缺少(1~2个)元器件或插件；或1~2个插件位置不正确或元器件极性不正确；或元器件、导线安装及字标方向未符合工艺要求；或1~2处出现烫伤和划伤，有污物。得27~38分 C级：缺少(3~5个)元器件或插件；3~5个插件位置不正确或元器件极性不正确；或元器件、导线安装及字标方向未符合工艺要求；3~5处出现烫伤和划伤，有污物。得10~22分 E级：有严重缺少(6个以上)元器件或插件；6个以上插件位置不正确或元器件极性不正确、元器件导线安装及字标方向未符合工艺要求；6处以上出现烫伤和划伤，有污物。得5分					
	稳压电源的测量	30	万用表测量挡位选择正确、能够测量出±5V电压的得10分 能够使用示波器测量出正弦波得10分 能够正确绘制正弦波得5分 能够计算出频率50Hz得5分					
	安全规范	10	操作符合安全操作规程；工具摆放、包装物品、导线线头等的处理，符合职业岗位的要求；遵守纪律，尊重工作人员，爱惜设备和器材，保持工位的整洁					
	合计	100						

学生交流改进总结：

教师总结及签名：

知识拓展

运用所学知识自行设计制作一个手机电池充电器。

手机电池电压为3.7V，使用5V直流稳压电源可以给电池充电。手机常用锂离子（li-ion）电池的充电器采用的是恒流限压充电制，充电电流一般采用两小时充电率，比如

500mAh 电池采用 250mA 充电大约两小时达到 4.2V 后再恒压充电。由于锂电不存在记忆效应,当电池低于 3V 时便不能开机。

锂离子电池大多是以钴酸锂为正极,石墨系列为负极的电池。

锂离子电池的工作机理是:电池充电时,正极材料中的锂形成离子溶出,嵌入到负极改性石墨层中;电池放电时,锂离子从石墨层中脱嵌,穿过隔离膜回填到正极钴氧化锂的层状结构中。随充放电的进行锂离子不断地从正极和负极中嵌入和脱出,所以也有人称其为"摇椅电池"。锂离子电池单体的额定电压为 3.6V,充电限制电压为 4.2V,放电限制电压为 2.5V。

锂离子电池的充电过程分为两个步骤:先是恒流充电,其电流恒定,电压不断升高,当电压充到 4.2V 的时候自动转换为恒压充电,在恒压充电时电压恒定,电流是越来越小的,直到充电电流小于预先设定值为止,所以有人用直充对手机电池进行充电的时候明明电量显示已经满格了,可是还是显示正在充电,其实这个时候的电压已经达到了 4.2V,所以电量显示为满格,那时就是在进行恒压充电过程,那么有人也许会问,为什么要进行恒压充电呢,直接用恒流充到 4.2V 不就行了吗,其实很容易解释,因为每一个电池都有一定的内阻,当用恒流进行充电到 4.2V 的时候,这个 4.2V 其实并不是电池实际的电压,而是电池的电压加上电池内阻上消耗的电压之和,如果电流很大那么在内阻上消耗的电压也就很大,所以那时实际电池的电压可能比 4.2V 小很多,所以要用恒压充电过程,把充电的电流慢慢降下来,这样电池的实际电压就很接近 4.2V。

思考与练习

1. 在安装直流稳压电源电路时需要注意哪些问题?
2. 在用万用表测量时有哪些注意要点?
3. 手机充电为何需要两个步骤?

项目四

助听器的装接与调试

知识目标

(1) 掌握三极管组成的放大电路的工作原理。
(2) 掌握多级放大电路耦合方式、工作原理、放大倍数的计算。
(3) 进一步熟悉和掌握仿真软件 Multisim11 和制板软件 Protel Dxp 2004 的使用方法。

技能目标

(1) 会编写多级放大电路元器件明细表。
(2) 能够实现多级放大电路的仿真调试。
(3) 能够使用 YL290 模块搭建多级放大电路。
(4) 能够使用 Protel Dxp 2004 设计多级放大电路的 PCB 板。
(5) 掌握多级放大电路各点电压波形的测定与分析。

项目概述

助听器实际上是一部超小型扩音器,它包括送话器(话筒)、放大器和受话器(耳机或骨导器)三部分。声音由话筒变换为微弱的电信号,经放大器放大后输送到耳机(或骨导器),变换成较强的声音传入耳内。

任务一

助听器多级放大电路

任务描述

助听器实际上是一个多级放大电路,多级放大电路是由单级放大电路串联形成的。单级放大电路是由三极管组成的。本节的任务是在了解单级放大电路的基础上掌握多级放大的耦合方式以及放大倍数等有关内容。

任务分析

如图 4.1.1 所示为一个语音放大电路的原理框图，该电路能将微弱的声音信号放大，并通过扬声器发出悦耳的声音。

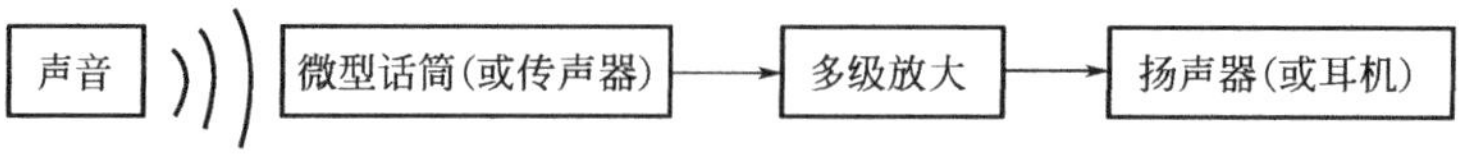

图 4.1.1　语音放大电路的原理框图

知识准备

用电子器件把微弱的电信号（电压、电流、功率）增强到所需要值的电路称为放大电路，常见的放大电路有固定偏置的放大电路、分压式射偏放大电路、射极输出器等。

1. 共射极放大电路

用三极管组成放大电路时，根据公共端的不同，有三种连接方式，即共射极电路、共集电极电路和共基极电路。如图 4.1.2 所示为应用最广的共射极基本放大电路。外加信号从基极和发射极输入，信号从集电极和发射极间输出。

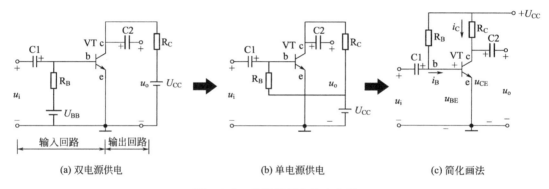

(a) 双电源供电　　(b) 单电源供电　　(c) 简化画法

图 4.1.2　共射极基本放大电路

输入信号 u_i 通过电容 C_1 送到三极管的基极和发射极之间，与直流电压 U_{BEQ} 叠加，总电压为

$$u_{BE} = U_{BEQ} + u_i$$

由此产生的基极总电流为

$$i_B = I_{BQ} + i_b$$

基极电流经过三极管放大后，集电极电流为

$$i_C = I_{CQ} + i_c$$

此电流在集电极电阻 R_C 上产生电压降，使集电极电压（空载时）为

$$u_{CE} = U_{CC} - i_C R_C = U_{CQ} + (-i_c R_C)$$

由于 C_2 的隔直作用，输出的交流电压为

$$u_o = -i_c R_C$$

式中负号表示输出交流电压与输入电压相位相反。

各极电压和电流波形如图 4.1.3 所示。

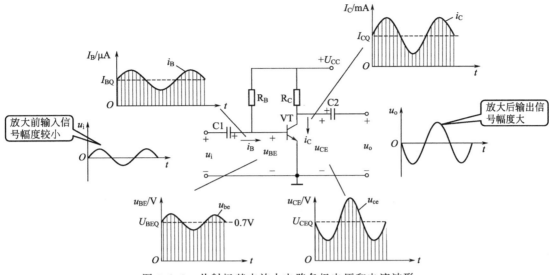

图 4.1.3　共射极基本放大电路各极电压和电流波形

2. 分压式射极偏置电路

共射极放大电路的静态工作点是通过设置合适的偏置电阻 R_B 来实现的。这种电路结构简单，但最大的缺点是工作点不稳定，严重时会使放大器不能正常工作。工作点不稳定的各种因素中，温度是主要因素。温度变化时，要保持工作点稳定不变，可采用分压式射极偏置电路，如图 4.1.4 所示。

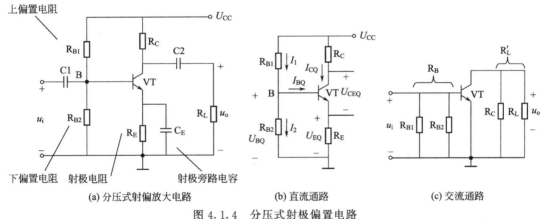

(a) 分压式射偏放大电路　　　　(b) 直流通路　　　　(c) 交流通路

图 4.1.4　分压式射极偏置电路

这种电路的结构特点是：①利用上偏置电阻和下偏置电阻组成串联分压器，为基极提供稳定的静态工作电压 U_{BQ}。②利用发射极电阻 R_E，自动使静态电流 I_{EQ} 稳定不变。

3. 射极输出器

如图 4.1.5 所示电路，输出信号从发射极取出，故称该电路为射极输出器。电路的特点是：电压放大倍数接近于 1；输出电压和输入电压相位相同；输入电阻很大，输出电阻很小。

射极输出器的应用十分广泛。

作为放大电路的输入级，减轻信号源负担。

作为放大电路的输出级，可以提高带负载能力。

作为放大电路的中间级，起缓冲、隔离作用。

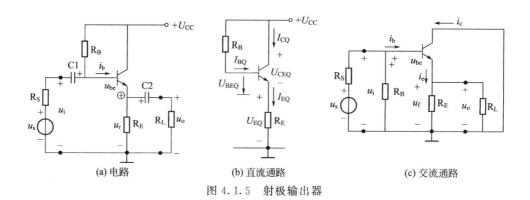

图 4.1.5 射极输出器

4. 多级放大电路

在实际应用中,要把一个微弱信号放大到几千倍或几万倍甚至更大,仅靠单级放大电路是不够的,需要把若干个放大器连接起来,将信号进行逐级放大。多级放大电路(图 4.1.6)是由若干个单级放大器组成的,由输入级、中间级和输出级三部分组成。

图 4.1.6 多级放大电路的组成

各级放大器之间的连接方式,叫"耦合"。它的主要作用是将前级放大信号无损耗地传输到后级放大器中。耦合的方式主要有阻容耦合、变压器耦合、直接耦合和光电耦合。实际使用中,人们可以按照不同的电路需要,选择合适的耦合方式。

图 4.1.7 为两级阻容耦合放大电路。电路由两级放大器组成。VT1 管是第一级放大器的放大管,电位器 RP1、电阻器 R1 和 R2 是基极偏置电阻,R3 是集电极电阻,R4、R5 是发射极偏置电阻,C2 是旁路电容。第一级是分压式偏置放大电路,能有效稳定放大电路的静态工作点。VT2 是第二级放大器的放大管,电位器 RP2、电阻器 R6 是基极偏置电阻,R7 是集电极电阻,R8 是发射极偏置电阻,C4 是旁路电容。C1、C3 和 C5 是耦合电容。

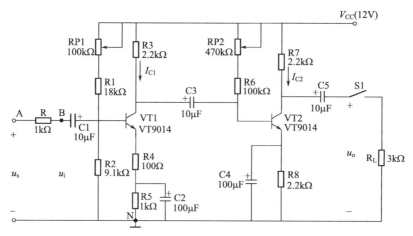

图 4.1.7 两级阻容耦合放大电路

放大电路中：放大倍数等于各级电压放大倍数的乘积；输入电阻等于第一级放大器的输入电阻；输出电阻等于最后一级放大器的输出电阻。

5. 助听器的放大电路

图 4.1.8 为一个实际的助听器的放大电路，助听器放大电路由三级放大电路组成，是阻容耦合的多级放大电路。前两级为共射极的放大电路，最后一级是射极输出器。

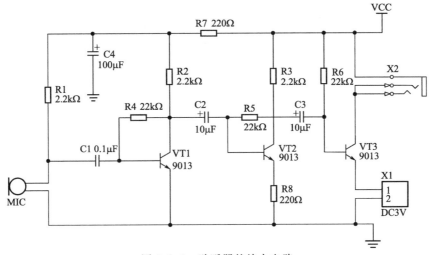

图 4.1.8　助听器的放大电路

任务实施

1. 实训目标

（1）学会分析电路工作原理。

（2）学会填写元器件明细表。

2. 实训器材

每人助听器电路原理图一份。

3. 实训内容

按照电路原理图将元件标称、名称、规格填入表格 4.1.1 中。

表 4.1.1　助听器电路元件标称规格明细表

序号	标称	名称	规格	序号	标称	名称	规格

任务评价

助听器原理分析、元件识别评价按照表 4.1.2 进行。

表 4.1.2 助听器原理电路分析评价表

班级		姓名		学号		组别		
项目	考核内容		配分	评分标准			自评	互评
电路原理分析及元器件明细表填写	元件的识别		30	不能正确识别每个扣 10 分				
	明细表的填写		70	不能正确填写,每填错一个元件扣 3 分				
	合计		100					

学生交流改进总结:

教师总结及签名:

知识拓展　　放大电路的分析方法

对放大电路进行定量分析,常用的分析方法是近似估算法和图解分析法。现以共射极放大电路为例将估算法介绍如下。

1. 静态工作点的近似估算

所谓静态指的是放大器在没有交流信号输入时的工作状态,这时三极管的基极电流 I_B、集电极电流 I_C、基极与发射极的电压 U_{BE} 和集电极与发射极间的电压 U_{CE} 的值叫静态值。分别用 I_{BQ}、I_{CQ}、和 U_{CEQ} 表示。

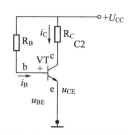

图 4.1.9 固定偏置放大电路的直流通路

由于静态只研究直流,所以可以根据直流电路进行分析。其直流电路如图 4.1.9 所示。

基极偏置电流 $I_{BQ}=\dfrac{U_{CC}-U_{BEQ}}{R_B}\approx\dfrac{U_{CC}}{R_B}$

静态集电极电流 $I_{CQ}\approx\beta I_{BQ}$

静态集电极电压 $U_{CEQ}=U_{CC}-I_{CQ}R_C$

2. 电路的动态分析

所谓动态就是指放大电路有交流信号时的工作状态。为了方便分析,只需要画出交流通路来进行分析。当输入信号较小时,可以将三极管作为线性元件来进行分析,画出其微变等效电路,如图 4.1.10 所示。

在等效电路中 $r_{be}=300+(1+\beta)\dfrac{26}{I_{EQ}}$

式中,I_{EQ} 为静态时发射极电流,一般情况下 r_{be} 为 1kΩ 左右。

(1) 输入电阻　放大器的输入电阻是指从输入端看进去的交流电阻。

$$R_i=R_B//r_{be}\approx r_{be} \qquad 因为 R_B\gg r_{be}$$

(2) 输出电阻　对负载来说,放大器相当于一个具有内阻的信号源,这个电阻就是输出

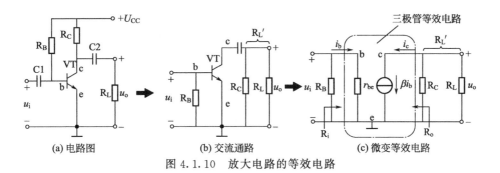

图 4.1.10 放大电路的等效电路

电阻。也就是从输出端看过去的电阻。

$$R_O \approx R_C$$

（3）电压放大倍数　放大器的电压放大倍数是指输出电压 u_o 与输入电压 u_i 的比值。

即 $$A_u = \frac{u_o}{u_i}$$

输入信号电压　　　　　　$u_i = i_b r_{be}$

输出信号电压　　　　　　$u_o = -i_c R'_L = -\beta i_b R'_L$

式中　　　　　　　　　　$R'_L = R_C // R_L$

则 $$A_u = -\frac{\beta R'_L}{r_{be}}$$

当放大电路不带负载时（空载），上式中的 $R'_L = R_C$，则放大倍数为

$$A_u = -\frac{\beta R_c}{r_{be}}$$

式中的"—"为放大器的输出电压和输入电压相位相反。

思考与练习

1. 基本放大电路有几种形式？各有什么特点？
2. 放大电路的分析方法有几种？
3. 多级放大电路的耦合方式有几种？各有什么特点？主要应用在什么场合？

任务二

助听器多级放大电路的仿真测量

任务描述

运用电子仿真软件 Multisim11 实现助听器多级放大电路的电路原理图绘制和仿真运行；用虚拟示波器对电路进行测量。

任务分析

在 Multisim11.0 电子仿真软件中合理选择元器件，按照图 4.1.8 的内容进行仿真，放置相关仪表并对电路关键点进行测量调试，保存文件时要保留必要的虚拟仪器、仪表。

知识准备

从仿真元件库中调出元件，根据电气原理图在工作界面摆放。

一、元件库

1. 直流电源

Sources 库→POWER_SOURCES→VCC→ 。

2. 电容器

Basic 库→capacitor→ 。

3. 电解电容器

Basic 库→cap-electrolit→ 。

4. 电阻器

Basic 库→Resistor→ 。

5. 三极管

Transistors 库→NPN→2N1711→ 。

6. 蜂鸣器

Indicators→buzzer→buzzer→ 。

7. 函数信号发生器

XFG1→ 。

二、多级放大电路

利用仿真元件绘制出的电路和检音、耦合、放大电路如图 4.2.1 和图 4.2.2 所示。

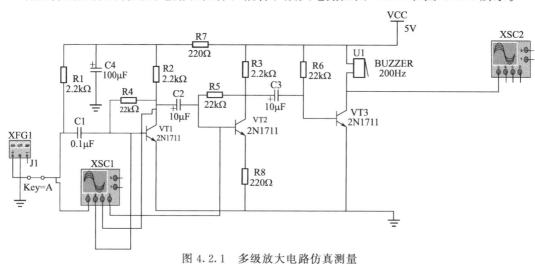

图 4.2.1 多级放大电路仿真测量

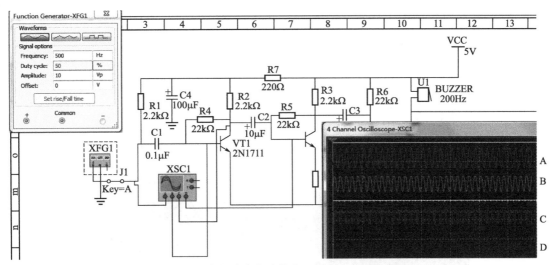

图 4.2.2　多级放大电路检音、耦合、放大仿真图

图 4.2.2 中，A 为函数信号发生器产生的音频信号（模拟的驻迹话筒检音信号）；B 为电容 C1 耦合信号；C 为三极管反相放大信号（整形：正弦波整形为矩形波）；D 为电容 C2 耦合信号。

三、故障

线路发生故障以后会产生以下现象。

1. 三极管烧毁

如果 VT3 三极管烧毁，整个电路无输出；如果 VT1、VT2 烧毁，则 VT1 或 VT2 无放大作用，即其集电极无输出；其后极 VT3 仍然能够单独起放大作用。图 4.2.3 与图 4.2.4 是三极管烧毁前后波形对比。

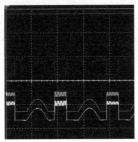 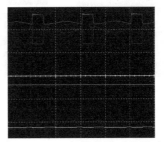

图 4.2.3　VT3 三极管烧毁波形　　　　　图 4.2.4　三极管烧毁后的影响

2. 电容器接反

如果电容器接反，信号仍然能够耦合，如图 4.2.5、图 4.2.6 所示。

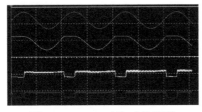 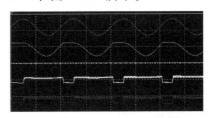

图 4.2.5　C2 正接时的波形　　　　　　图 4.2.6　C2 反接时的波形

3. 电容器开路

如图 4.2.7 所示电容器 C_2 开路，造成开路点后开始没有信号。

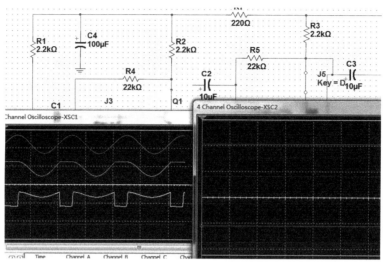

图 4.2.7　电容器开路时信号变化情况

4. 电容器短路

由于多级放大电路电容能滤除缓慢变化的零点漂移，所以，如果出现电容电路故障，会出现零点漂移，现象如图 4.2.8、图 4.2.9 所示。

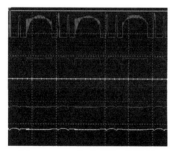

图 4.2.8　电容器短路效果

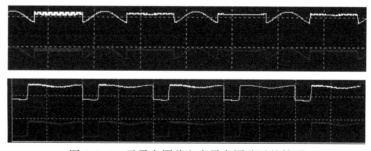

图 4.2.9　无零点漂移和有零点漂移时的情形

任务实施

1. 实训目标

（1）进一步掌握仿真软件的使用。

（2）掌握助听器放大电路的仿真和测量。

2. 实训器材

安装有仿真软件的计算机每人一台。

3. 实训内容

按照前述知识准备中讲述的助听器的电路部分进行图形的绘制，导线的连接，虚拟仪表的连接并进行测量。

任务评价

助听器仿真电路训练评价按表 4.2.1 标准进行。

表 4.2.1 助听器电路仿真练习评价表

班级		姓名		学号		组别		
项目	考核内容	配分/分	评分标准		自评	互评
助听器电路的仿真练习	元件库中正确调出元件	20	不能正确调出每个扣 5 分,布局合理美观 10 分			
	元件参数的设置	20	不能正确设置元件参数每个扣 5 分			
	元件的连线	10	不能正确连接导线及测量仪表每处扣 5 分 仿真结果正确 10 分			
	仪表测量	40	不能正确选择仪表的每处扣 5 分 不能正确测量输出波形的每处扣 5 分			
	安全规范	10	工作服要穿戴整齐,操作工位卫生要良好 检查计算机鼠标键盘完好情况 检查计算机电源插头部位、连接情况 离开机位,检查关机、断电情况 没按照上述要求规范的适当扣分			
	合计	100				

学生交流改进总结:

教师总结及签名:

知识拓展

本助听器电路使用直流 3V 稳压电源,试用 W317 设计直流 3V 稳压电源。

思考与练习

在仿真运行中,为何要将电路分解简化?这样做仿真好处是什么?

任务三 搭建助听器多级放大电路

任务描述

认真分析助听器多级放大电路,根据功能需求选择单元电路模块,各模块间要根据电路工作需要选用合适的导线进行连接。搭建助听器多级放大电路。

任务分析

使用 YL-290 单元电子电路模块,根据给出的助听器多级放大电路原理图(图 4.1.8),在 YL-290 模块中正确选择单元电子电路模块,搭建助听器多级放大电路。

知识准备

助听器放大电路的原理图如图 4.1.8 所示。按照原理图在 YL-290 模块中选择需要的部分模块。选择结果如图 4.3.1 所示。

(a) 22k电阻

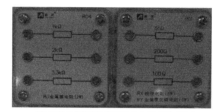

(b) 2.2k电阻用2k和200Ω串联相加组成

(c) 100μF电容器

(d) 10μF电容器

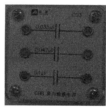

(e) 0.1μF电容器(104)

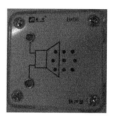

(f) 扬声器替代耳机把电信号转化成声音信号

(g) MIC声电传感器

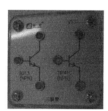

(h) 三极管9013

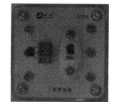

(i) 三极管插座

图 4.3.1　搭建电路需要的模块电路

搭建后的结果如图 4.3.2 所示。

图 4.3.2　助听器多级放大电路搭建效果

三极管座上插接两个9013。

搭建步骤：

① 认真分析电路，根据功能确定相关模块，在亚龙290模块中找出需要的模块，按照电路信号走向布局。

② 连接导线。对照电路原理图连接导线；用万用表欧姆挡测量导线连接情况。是否和原理图相符。

③ 连接电源和信号线。通电测试。

④ 使用万用表测量电压等参数。用示波器测量波形。

⑤ 绘制波形、计算频率、周期等。

⑥ 把数据填写到表格中。

⑦ 编写实习报告。

任务实施

1. 实训目标

（1）了解YL290模块的基本功能。

（2）利用YL290模块搭建助听器放大电路。

2. 实训设备

（1）135工作台、示波器、万用表；

（2）290模块：R19（220Ω）、R01（200Ω）、R08（10Ω）、R06（22kΩ）、R20（2.2kΩ）、R21（20kΩ）、R04（2kΩ）、R13（2kΩ）、R14（6.8kΩ）、R15（15kΩ）、R10（200Ω）、R04（2kΩ）、R03（680Ω）、R20（1.5kΩ）、C03（0.1μF）、C06（10μF）、C07（100μF）、VT3（9013）、AX11（9013）、AX14（9013）、BX06（扬声器）、BX05（MIC声电传感器）。

3. 实训内容与实训步骤

（1）按图4.1.8助听器多级放大电路原理电路图接线。

（2）用万用表欧姆挡仔细检查接线情况，接3V直流电。

（3）把函数信号发生器产生的频率1kHz、峰峰值30mV信号接入传声器。用示波器观察输入、输出的电压波形。观察失真度、估算电压放大倍数。

（4）用YL数字示波器测量电路各关键点对地电压波形。

（5）麦克接收手机音乐，进一步调试电路放大效果。

（6）尝试加LM386功放模块驱动大功率扬声器。

任务评价

助听器放大电路搭建评价标准按照表4.3.1进行。

表4.3.1 助听器放大电路搭建评价表

班级		姓名		学号		组别		
项目	考核内容		配分/分	评分标准			自评	互评
助听器电路的搭建	元器件模块的识别		15	能找出基本模块，选择错误的每个扣1分				
	元器件的插装		15	不能正确插装的每个扣2分				

续表

助听器电路的搭建	元器件的连线	20	能够完整地根据助听器电路图搭建电路,功能全部实现的给 20 分 没有功能的不给功能分 排列紧凑,地线、电源线、信号线着色统一给 2 分		
	仪表测量	40	不能正确使用仪表测量的扣 5 分 不能正确找到测量点的每处扣 5 分 测量结果不正确的每处扣 3 分		
安全规范		10	工作服要穿戴整齐,操作工位卫生要良好 没按照上述要求规范的适当扣分		
合计		100			

学生交流改进总结:

教师总结及签名:

知识拓展

认识各种常用仪表及其使用。

1. 函数信号发生器(图 4.3.3)

打开电源开关 POWER,按下 1kHz 频率分挡开关,按下方波波形选择开关,从波形输出端把 1kHz 音频信号送出。频率微调旋钮可以把频率调节到 1000Hz。

图 4.3.3 函数信号发生器

2. 频率计(图 4.3.4)

按下频率计电源开关 ON/OFF,按下 FREQ 开关选择频率模式,按下 ALT 开关,按下 TIME1 开关,选择精度控制,把信号发生器的探头和频率计的信号端(红色)相接(图 4.3.5),把信号发生器的地线和频率计的地线(黑色)相接。

用信号发生器产生 1kHz 的音频信号输出到频率计,从频率计观察信号频率是否相符。

图 4.3.4 频率计

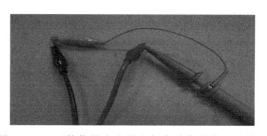

图 4.3.5 函数信号发生器和频率计信号线连接情况

3. 示波器（图 4.3.6）

打开示波器电源开关，把 CH1 通道探头和地线分别接到示波器 1kHz 自检信号输出端（图 4.3.7、图 4.3.8），按下自动测量 AUTO 键，按菜单 MEASURE 键，选择 CH1 通道，选择频率挡位，观察液晶显示器上 1kHz 方波信号波形，调节水平扫描旋钮，使液晶显示器上显示的方波周期为一个周期（图 4.3.9）。

图 4.3.6　示波器

图 4.3.7　示波器自检接线图

图 4.3.8　探头和地线接法

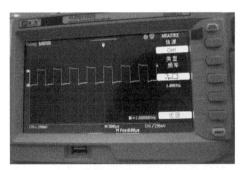

图 4.3.9　示波器自检显示 1kHz 方波信号

示波器的探头和地线分别与信号发生器的探头和地线连接（图 4.3.10）。把频率计产生的 1kHz 方波信号送到示波器，从示波器观察信号频率是否与信号发生器输出的频率相同（图 4.3.11）。

把 1kHz 信号接到助听器多级放大电路中，作为声音信号使用，调试电路。

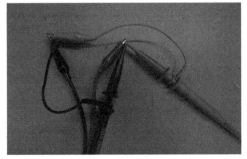

图 4.3.10　示波器探头和地线与信号发生器连接情况

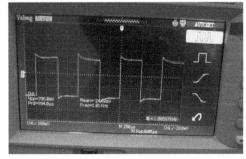

图 4.3.11　示波器测量频率

思考与练习

在用示波器测量时为何会出现时有时无的现象？分析产生的原因。

任务四

助听器多级放大电路的 PCB 板设计

任务描述

运用制板软件 Protel Dxp 2004 设计助听器多级放大电路的印刷电路板；通过三维图像观察 PCB 布局效果。

任务分析

本次主要任务是按照助听器多级放大电路电气原理图和电子元件实际尺寸设计电子元件封装，并进一步完成助听器多级放大电路的印刷电路板的设计。

知识准备

一、绘制 PCB 板

1. 创建一个 PCB 项目

Protel Dxp 2004→文件→创建→PCB 项目→PCB _ Project1. prjPCB。

2. 添加新文件到项目 PCB-Project1. prjPCB 中。

在项目中分别添加原理图文件、PCB 文件、原理图库文件、PCB 库文件。

（1）PCB-Project1. prjPCB→追加新文件到项目中→Schematic→Sheet1. SchDoc。

（2）PCB-Project1. prjPCB→追加新文件到项目中→PCB→PCB1. PcbDoc。

（3）PCB-Project1. prjPCB→追加新文件到项目中→Schematic library→Schlib1. Schlib。

（4）PCB-Project1. prjPCB→追加新文件到项目中→PCB library→Pcblib1. Pcblib。

3. 统一文件名

（1）Sheet1. SchDoc→保存→保存在 Examples→文件名→Sheet1→助听器电路→复制→保存→助听器电路. SchDoc。

（2）PCB1. PcbDoc→保存→保存在 Examples→文件名→PCB1→粘贴→助听器电路→保存→助听器电路. PcbDoc。

（3）Schlib1. Schlib→保存→保存在 Examples→文件名→Schlib1→粘贴→助听器电路→保存→助听器电路. SchDoc。

（4）Pcblib1. Pcblib→保存→保存在 Examples→文件名→Pcblib1→粘贴→助听器电路→保存→助听器电路. PcbLib。

（5）Project1. prjPCB→保存→保存在 Examples→文件名→Project1→粘贴→助听器电路→保存→助听器电路. PcbLib. prjPCB。

4. 绘制原理图

（1）助听器电路. SchDoc 界面→浏览元件库→Miscellaneous Devices. IntLib 库→RES→

RES2→![R? Res2]→TAB→R1→CTRL→连续放置多个电阻 R1～R8。

(2) CAP→CAP→![C? Cap]→TAB→C1→CTRL→放置电容 C1。

(3) CAP→Cap Pol2→![C? Cap Pol1]→TAB→C1→CTRL→连续放置多个电解电容 C2、C3、C4。

(4) NPN→NPN→![Q? NPN]→TAB→VT1 9013→CTRL→连续放置多个三极管 VT1、VT2、VT3。

(5) MIC→MIC2→![MK? Mic2]→MK 放置麦克。

(6) SPEAKER→speaker→![LS?]→放置扬声器。

(7) Miscellaneous Connectors.IntLib→HEAD→header2→![P? Header 2]→放置两针接线端子。

(8) Phonejack3→![J? Phonejack3]→放置耳机插孔。

(9) Battery→![BT? Battery]→放置直流电源。

5. 合理布局连接导线

注意：用网络标签标识电源线和地线。

6. 把电气原理图转换成 PCB

单击设计→下拉→单击 Updata；把电气原理图转换成 PCB。

7. PCB 布局

在 PCB 界面删除网格，按照信号走向布局。

8. 布线

单击自动布线→全部对象→编辑规则→打开 PCB 规则和约束编辑器→routing layers→选择布线层底层布线 bottom layer；选择宽度规则 width→选择 30mil→单击确定开始布线。

9. 工具栏→设计规则检查

10. 定义 PCB 板尺寸

设计→PCB 板形状→重定义 PCB 板形状。

11. 覆铜

放置覆铜→选择覆铜模式→连接网络接地；分别选择顶层和底层覆铜；保存文件。

12. 三维 PCB 板

在工程"助听器多级放大.PRJPCB"下选择 PCB 模式→查看→显示三维 PCB 板→生成三维 PCB 板。运行软件后生成的 PCB 板及三维 PCB 板效果如图 4.4.1 和图 4.4.2 所示。

导出三维 PCB 板：在 PCB 状态→查看→显示三维 PCB 板。

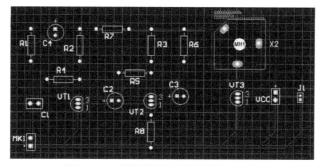

图 4.4.1　助听器多级放大器 PCB 板

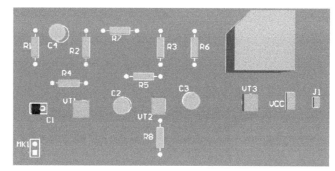

图 4.4.2　助听器多级放大器三维 PCB 板

二、导出文档网络表

在电脑上运行 Protel Dxp 2004 软件，点击设计→文档网络表→PROTEL，然后生成助听器的文档网络表和原理图 SCH 与 PCB 接口如表 4.4.1 和表 4.4.2 所示。

表 4.4.1　助听器的文档网络表

元件标识符	元件封装名称	元件库参考	元件标识符	元件封装名称	元件库参考
C1	CAPR2.54-5.1×3.2	Cap	R5	AXIAL-0.4	Res2
C2	CAPPR2-5×6.8	Cap Pol1	R6	AXIAL-0.4	Res2
C3	CAPPR2-5×6.8	Cap Pol1	R7	AXIAL-0.4	Res2
C4	CAPPR2-5×6.8	Cap Pol1	R8	AXIAL-0.4	Res2
J1	MHDR1×2	MHDR1×2	VCC	BAT-2	3V
MK1	PIN2	Mic2	VT1	BCY-W3/E4	9013
R1	AXIAL-0.4	Res2	VT2	BCY-W3/E4	9013
R2	AXIAL-0.4	Res2	VT3	BCY-W3/E4	9013
R3	AXIAL-0.4	Res2	X2	JACK/6-V3	OUT
R4	AXIAL-0.4	Res2			

表 4.4.2 原理图 SCH 与 PCB 接口

原理图 SCH 与 PCB 的接口	解释	原理图 SCH 与 PCB 的接口	解释
NetC1_1 C1-1 MK1-2 R1-2	网络端口 C1-1 有 3 个元件和它相连	NetVT3_3 VT3-3 X2-1 X2-3	网络端口 VT3_3 有 3 个元件和它相连
NetC2_1 C2-1 R2-1 R4-1 VT1-3	网络端口 C2_1 有 4 个元件和它相连	3V J1-2 R3-2 R6-2 R7-1 VCC-1 X2-5	网络端口 3V 有 6 个元件和它相连
NetC2_2 C2-2 R5-2 VT2-2	网络端口 C2_2 有 3 个元件和它相连		
NetC3_1 C3-1 R3-1 R5-1 VT2-3	网络端口 C3_1 有 4 个元件和它相连	GND C4-2 J1-1 MK1-1 R8-1 VCC-2 VT1-1 VT3-1	网络端口 GND 有 7 个元件和它相连
NetC4_1 C4-1 R1-1 R2-2 R7-2	网络端口 C4_1 有 4 个元件和它相连		

任务实施

1. 实训目标

（1）能够使用 Protel Dxp 2004 设计助听器多级放大电路 PCB 板。

（2）掌握 DXP 元件库中英文对照表。

（3）会编写助听器多级放大电路元器件明细表。

2. 实训器材

每人一台安装有 Protel Dxp 2004 软件的计算机。

3. 实训内容

按照知识准备中的内容在电脑上进行助听器 PCB 板的制作。

任务评价

助听器 PCB 板的制作评价按照表 4.4.3 进行。

表 4.4.3　助听器 PCB 板的制作评价标准

班级		姓名		学号		组别	
项目	考核内容	配分/分	评分标准			自评	互评
助听器电路的 PCB 板设计	Protel Dxp 2004 绘制助听器电路原理图	30	按照要求存盘(2分) 所有元器件,包括符号(国标)、标号和标称值(或型号)等画齐(10分)。错或漏写一个扣2分。电阻单位不能漏写"Ω",电容器容量单位也要完整,如"μF、pF",不能写成"uF"。如单位没写或写错,每一种单位扣3分 元器件连线正确(10分)。错或漏画一条连线扣1分 整体(6分): (1)J1、J2 扣线插座、电源、地(共2分);J1、J2 缺失或没有标写可扣3分。J2 扣线插座没有标出 VCC 和地扣2分 (2)元器件布局合理(2分);元器件缺失可扣1分 走线简洁、整图美观(2分)。未完全画齐元器件的,这小项不给分				
	助听器电路的 PCB 制作	40	自制元器件的封装10分 电路板尺寸10分 所有元器件均放置在 Top Layer。电源线和地线宽为 0mil,其它线宽为 10mil,均放在 Bottom Layer(10分) 完成布线,并对布线进行优化调整10分 PCB 制作没成功的扣40分				
	网络生成表	20	不能生成网络表的扣20分				
安全规范		10	工作服要穿戴整齐,操作工位卫生要良好 没按照上述要求规范的适当扣分				
合计		100					

学生交流改进总结：

教师总结及签名：

知识拓展

运用 PCB 制板设备，尝试自己亲自制作助听器多级放大电路单面覆铜板。

思考与练习

设计用户元件库时，可否使用复制、粘贴的方法，利用已经有的相似的元件库改建成自己的元件库。

项目四 助听器的装接与调试

任务五
实用助听器的制作与调试

任务描述

在给定的印制电路板上用实际的分立元件完成电子产品助听器多级放大电路的装接调试。

任务分析

根据给出的助听器多级放大电路原理图（图4.1.8），将选择的元器件准确地焊接在印制电路板上。所焊接的元器件要求焊点大小适中、光滑、圆润、干净，无毛刺；无漏、假、虚、连焊，引脚加工尺寸及成型符合工艺要求；导线长度、剥线头长度符合工艺要求，芯线完好，捻线头镀锡。

知识准备

（1）进一步熟悉助听器放大电路的工作原理。

（2）从 Protel Dxp 2004 导出元件明细表。点击"报告"，点击"simple BOM"，导出元件明细表。

Bill of Material for 助听器多级放大电路.PRJPCB
On 2015/8/11 at 10：40：02

Comment	Pattern	Quantity	Components	
3V	BAT-2	1	VCC	Multicell Battery
9013	BCY-W3/E4	3	VT1, VT2, VT3	NPN General Purpose Amplifier
Cap Poll	CAPPR1.5-4×5	2	C3, C4	Polarized Capacitor（Radial）
Cap	CAPPR1.5-4×5	1	C1	Capacitor
MHDR1X2	MHDR1×2	1	J1	Header, 2-Pin
Mic2	PIN2	1	MK1	Microphone
OUT	JACK/6-V3	1	X2 Thru-Hole, Vertical, 3-Conductor	Jack Socket, 1/4″ [6.5mm], Open Circuit（Non-Normalling）
Res2	AXIAL-04	8	R1, R2, R3, R4, R5, R6, R7, R8	Resistor

整理成中文如表4.5.1所示。

表 4.5.1 元件明细表

序号	符号	名称（标识符）	型号与规格	数量	封装	元件库
1	VT1	三极管 NPN	9013	1	BCY-W3	Miscellaneous Devices.IntLib NPN
2	VT2	三极管 NPN	9013	1	BCY-W3	Miscellaneous Devices.IntLib NPN
3	VT3	三极管 NPN	9013	1	BCY-W3	Miscellaneous Devices.IntLib NPN

续表

序号	符号	名称(标识符)	型号与规格	数量	封装	元件库
4	R1	电阻 Resistor	2.2kΩ	1	AXIAL-0.4	Miscellaneous Devices.IntLib Resistor;2 Leads
5	R2	电阻 Resistor	2.2kΩ	1	AXIAL-0.4	Miscellaneous Devices.IntLib Resistor;2 Leads
6	R3	电阻 Resistor	2.2kΩ	1	AXIAL-0.4	Miscellaneous Devices.IntLib Resistor;2 Leads
7	R4	电阻 Resistor	22kΩ	1	AXIAL-0.4	Miscellaneous Devices.IntLib Resistor;2 Leads
8	R5	电阻 Resistor	22kΩ	1	AXIAL-0.4	Miscellaneous Devices.IntLib Resistor;2 Leads
9	R6	电阻 Resistor	22kΩ	1	AXIAL-0.4	Miscellaneous Devices.IntLib Resistor;2 Leads
10	R7	电阻 Resistor	220Ω	1	AXIAL-0.4	Miscellaneous Devices.IntLib Resistor;2 Leads
11	R8	电阻 Resistor	220Ω	1	AXIAL-0.4	Miscellaneous Devices.IntLib Resistor;2 Leads
12	C1	电容 Capacitor	$0.1\mu F$	1	CAPR2.54-5.1×3.2	Miscellaneous Devices.IntLib Cap Semi
13	C2	电解电容 Capacitor	$10\mu F$	1	CAPPR2-5×6.8	Miscellaneous Devices.IntLib Cap Pol3
14	C3	电解电容 Capacitor	$10\mu F$	1	CAPPR2-5×6.8	Miscellaneous Devices.IntLib Cap Pol3
15	C4	电解电容 Capacitor	$100\mu F$	1	CAPPR5-5×5	Miscellaneous Devices.IntLib Cap Pol3
16	MIC	驻极话筒 Microphone	24V、0.25W	1	PIN2	Miscellaneous Devices.IntLib PIN2
17		PCB 板	30mm×50mm	1		
18	X2	耳机插座,3-Conductor Open Circuit (Non-Normalling)	Socket,1/4″[6.5mm],Thru-Hole,3 Position,Vertical,Body 15.7mm×15.7mm×31mm(W×T×H)	1	JACK/6-V3	Miscellaneous Connectors.IntLib JACK/6-V3
19	X1	接插件 Header,2-Pin	3V、DC	1	HDR1×2	Miscellaneous Connectors.IntLib Header 2

任务实施

1. 实训目标

（1）通过制作助听器的电路，进一步掌握放大电路的工作原理。

（2）掌握助听器多级放大电路焊接和调试技能。

（3）能够用示波器完成助听器多级放大电路基本调试。

2. 实训设备、实习工具及器材

（1）实训设备：YL 135 工作台。

（2）工具及仪表：电烙铁、镊子、斜口钳、万用表、示波器。

（3）器材：印制电路板、电阻、电容、三极管、驻极话筒、耳机插座、接插件、焊接导线、焊锡丝。元器件按照前述元件明细表配备。

3. 实训内容

（1）按元件明细表清点元件。

（2）用色环识别法，识别电阻值；识别三极管的管脚；识别电容器的管脚。识别 MIC 管脚。

（3）根据印刷电路板的布线特点确定安装布局和连接方法。

（4）按照安装工艺安装并焊接电子线路。

（5）用万用表欧姆挡测量电路连接情况。

（6）仔细确认、排查故障后，给线路板接上合适的电源。

（7）用万用表电压挡测量电路关键点电压值。

（8）用数字示波器测量电路各关键点波形。

制作安装后的结果如图 4.5.1 和图 4.5.2 所示。

图 4.5.1 助听器电路 PCB 的元件安装面

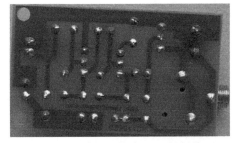

图 4.5.2 助听器电路 PCB 的焊接面

任务评价

助听器放大电路的评价按照表 4.5.2 进行。

表 4.5.2 助听器放大电路的评价标准

班级		姓名		学号		组别	
项目	考核内容		配分/分	评分标准		自评	互评
助听器的装配、焊接和测量	助听器的装接		20	元件选择错误的每个扣 2 分 不能正确检测元件的每个扣 2 分 元件未处理的每个扣 2 分 元器件安装不正确的每个扣 2 分			

续表

			焊接工艺评价如下。		
助听器的装配、焊接和测量	助听器的焊接	40	A级:所焊接的元器件的焊点适中,无漏、假、虚、连焊,焊点光滑、圆润、干净,无毛刺,焊点基本一致,引脚加工尺寸及成型符合工艺要求;导线长度、剥线头长度符合工艺要求,芯线完好,捻线头镀锡。得 40 分 B级:所焊接的元器件的焊点适中,无漏、假、虚、连焊,但个别(1~2个)元器件有下面现象,有毛刺,不光亮,或导线长度、剥线头长度不符合工艺要求,捻线头无镀锡。得 30~39 分 C级:3~6 个元器件有漏、假、虚、连焊,或有毛刺,不光亮,或导线长度、剥线头长度不符合工艺要求,捻线头无镀锡。得 20~29 分 不入级:有严重(超过7个元器件以上)漏、假、虚、连焊,或有毛刺,不光亮,导线长度、剥线头长度不符合工艺要求,捻线头无镀锡。得 10 分 超过五分之一的元器件(15个以上)没有焊接在电路板上。得 0 分		
	助听器的测量	30	万用表测量点不正确的每处扣2分 不能正确读数的扣2分		
	安全规范	10	工作服要穿戴整齐,操作工位卫生要良好。做不到或不到位的扣5分 违反操作规范的扣5分		
	合计	100			

学生交流改进总结:

教师总结及签名:

知识拓展

利用自己设计的助听器多级放大电路 PCB 图,使用热转印方法制作一块单面印刷电路板。

思考与练习

用数字示波器测量关键点波形的时候要注意哪些问题?

项目五

集成功率放大器的装接与调试

知识目标

(1) 掌握音频功放芯片电路的工作原理、接线和调试。
(2) 学会集成功率放大电路的应用。
(3) 掌握音乐（或语言）专用芯片的选用。
(4) 了解 Multisim11 下 LM386 仿真元件的构建过程。

技能目标

(1) 会编写音频功放芯片电路元器件明细表。
(2) 能够实现音频功放芯片电路的仿真调试。
(3) 能够搭建音频功放芯片电路。
(4) 能够设计音频功放芯片电路的 PCB 板。
(5) 掌握音频功放芯片电路各点电压波形的测定与分析。

项目概述

本任务是基于 LM386 音频功放芯片的电路安装与调试。该电路是利用 LM386 的音频功率放大作用，把音频信号放大以后驱动扬声器工作。

任务一

音频功放芯片电路的工作原理

任务描述

要想分析音频功放芯片电路，首先要了解熟悉其电路的组成部分，每部分是由什么电路构成，最后分析单个电路的工作原理。

任务分析

音频功放芯片电路的结构框图如图 5.1.1 所示。

图 5.1.1　音频功放芯片电路的结构框图

LM386 音频功放电路由差分输入、中间放大、OTL 输出级组成。

知识准备

电子设备是要驱动负载工作的，如喇叭发声、电动机旋转、继电器触点动作等，它们都需要一定的功率才能发挥作用。因此需要有输出一定功率的功率放大器。

从能量的观点看，功率放大器和电压放大器无本质区别，从完成的任务看它们是不同的。电压放大器主要是向负载提供不失真的电压信号，低频功率放大器主要是输出足够大的不失真（或失真很小）的功率信号。

一、低频功率放大器

1. 对功率放大器的基本要求

（1）有足够大的功率。
（2）效率要高。
（3）非线性失真要小。
（4）管子的散热要好。

2. 功率放大器的分类

功率放大器的种类很多，按功放管的工作点的位置不同，有甲类、乙类和甲乙类。甲类是将静态工作点设置在负载线的中点，其输出完整正弦波，但效率太低。乙类是将工作点设置在横轴上，其输出波形为半个波，失真大但效率高。甲乙类是将工作点设在甲类和乙类之间且靠近乙类处，其输出波形为半个周期多一点，被削去一部分。

按照功率放大器的输出端的不同分为变压器耦合功率放大器、无输出变压器功率放大器（OTL 电路）和无输出电容功率放大器（OCL 电路）。

3. 互补对称的功率放大电路

为了解决效率和失真的矛盾，利用两个对称的管子，互补对方不足，可以组成互补对称的功率放大器。图 5.1.2 为单电源供电的互补对称功放电路（OTL）。

VT1 和 VT2 为一对导电性能相反的管子，两管接成射极输出形式，大容量的电容 C 既是耦合电容又充当电源作用。

输入正半周时 VT1 导通，VT2 截止，电源 U_{CC} 通过 VT1 向电容充电，负半周时 VT2 导通，VT1 截止，电容 C 上的电压通过 VT2 放电，两个管子交替工作，获得完整波形，实现功率放大。

图 5.1.3 是双电源供电的互补对称功放电路（OCL）。

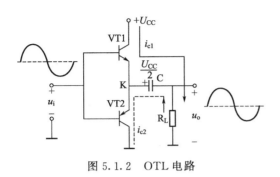
图 5.1.2 OTL 电路

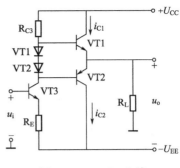
图 5.1.3 OCL 电路

OCL 电路与 OTL 电路工作原理相似，采用直接耦合形式，由于没有耦合电容，其低频特性好，便于集成化。广泛应用于高保真的音响设备中。

二、集成功率放大器

随着集成技术的不断发展，集成功率放大器产品越来越多。它们具有输出功率大，频率特性好，非线性失真小，外围元件少，使用方便的特点，被广泛应用在收音机、录音机、电视机中。下面简单介绍应用较多的小功率音频集成功放 LM386。

集成功放 LM386 是 8 脚双列直插塑料封装结构，其外形图和引脚图如图 5.1.4 所示。

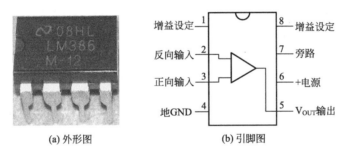

图 5.1.4 LM386 的外形图和引脚图

LM386 的内部电路图如图 5.1.5 所示。

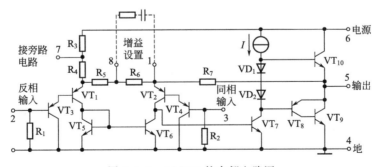

图 5.1.5 LM386 的内部电路图

集成功放 LM386 属于 OTL 电路，适用的电源电压为 4～10V，常温下功耗为 660mW 左右。它的应用很广，由于其低电压和低功耗的特点，特别适用于在使用干电池作电源的装置中。图 5.1.6 是几种典型的放大电路。

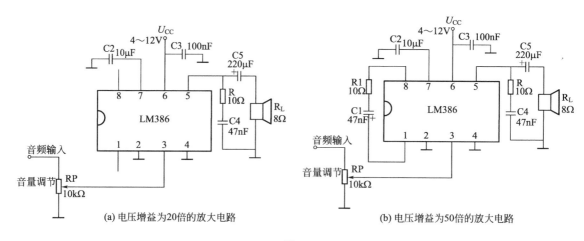

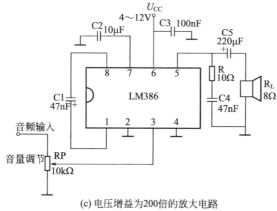

图 5.1.6 几种典型放大电路

声电元件 MIC 把声音信号转化为音频电信号，经功放模块放大以后经低通滤波器驱动扬声器，把电信号转化为声音信号（图 5.1.7）。

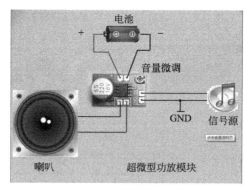

图 5.1.7 功放模块工作图

任务实施

1. 实训目标

（1）学会分析电路工作原理。

（2）学会填写元器件明细表。

2. 实训器材

由 LM386 组成的音频放大电路原理图每人一份。

3. 实训内容

按照电路原理图将元件标称、名称、规格填入表 5.1.1 中。

表 5.1.1　音频放大电路组成元件名称规格表

序号	标称	名称	规格	序号	标称	名称	规格

任务评价

音频电路的实训评价按照评价表 5.1.2 的要求完成。

表 5.1.2　音频电路图识读评价表

班级		姓名		学号		组别	
项目	考核内容	配分/分	评分标准			自评	互评
电路原理分析及元器件明细表填写	元件的识别	30	不能正确识别每个扣 10 分				
	明细表的填写	70	不能正确填写,每填错一个元件扣 5 分				
	合计	100					

学生交流改进总结:

教师总结及签名:

知识拓展　常用集成功率放大器的外形与管脚顺序识别方法

常用的集成功率放大器的封装外形如图 5.1.8 所示。最常用的封装材料有塑料、陶瓷及金属三种。封装外形最多的是圆筒形、扁平形及双列直插式。

集成功率放大器的封装外形不同,其管脚顺序排列也不一样,对圆形及菱形金属封装的集成电路,识别管脚时应面向管脚(正视),有定位标记所对应的管脚开始,按逆时针方向依次数到底即可,常见的定位标记有凸耳、圆孔及管脚不均匀排列等。

对单列直插式集成功放电路芯片,应使管脚向下,面对型号或定位标记,从定位标记对应一侧的第一只管脚数起,依次为 1、2、3…脚。其常用定位标记为色点、凹坑、小孔、线条、缺角等。

 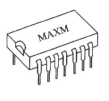 

(a)金属圆壳式　　(b)扁平式　　(c)双列直插式　　(d)实物图

图 5.1.8　常用集成功放的外形

对双列直插式集成电路,识别其管脚时,若管脚向下,其型号、商标向上,定位标记在左侧,则从左下角开始,逆时针方向,依次为 1、2、3…脚。

有少数器件上没有管脚标示,应从它的型号上加以区别。若型号后缀中有字母 R,则表明其管脚顺序为自右向左反向排列。如 M5115P 与 M5115PR,前者管脚排列顺序自左向右,为正向排列,后者管脚排列顺序自右向左,为反向排列。

思考与练习

1. 集成功率放大器是如何分类的?
2. 如何识别集成功放的管脚?

任务二　▷▷▷
集成音响功率放大电路的仿真

任务描述

使用仿真软件 Multisim 11 完成 LM386 集成音响功率放大电路的仿真。

任务分析

(1) 了解 Multisim 11 下 LM386 仿真元件的构建过程。
(2) 了解 LM386 的封装及管脚参数。
(3) 了解 LM386 的 Spice 模型。
(4) 了解 LM386 的仿真元件的构建步骤。

知识准备

一、LM386 的仿真元件的构建步骤

(1) 在 Multisim 中选 Tools 再选 Component Wizard 然后按图 5.2.1 进行。添加元件名→选择 LM386,作者名→选择默认→administrator,添加 LM386 元件的函数(英文版)。选择元件类型→"模拟"类,选择"使用这个元件仿真并且制作 PCB 板"。

项目五 集成功率放大器的装接与调试

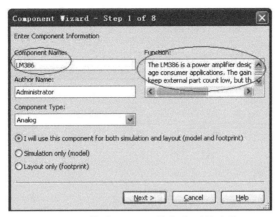

图 5.2.1　构建 LM386 的仿真元件步骤 1

（2）点击 Next，按图 5.2.2 进行。在主数据库中选择双列直插式封装。

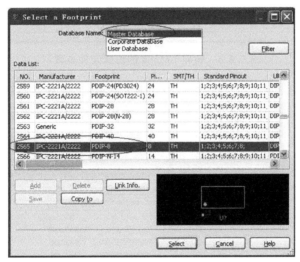

图 5.2.2　构建 LM386 的仿真元件步骤 2

（3）点击 Select，按图 5.2.3 进行。选择"8 个管脚"的封装。选择单个元件。

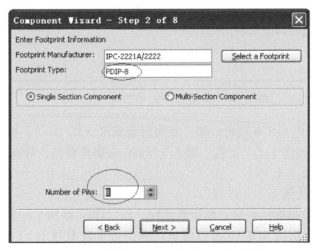

图 5.2.3　构建 LM386 的仿真元件步骤 3

（4）点击 Next，按图 5.2.4 进行。选择美国国家标准（不选择德国国家标准）编辑元件。

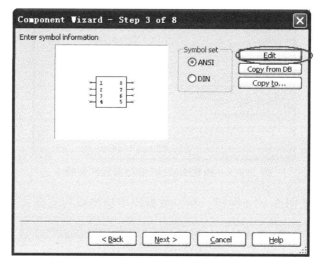

图 5.2.4　构建 LM386 的仿真元件步骤 4

（5）点击 Edit 按图 5.2.5 进行。输入管脚功能符号。g1→增益设定端，-in→反相输入端，+in→同相输入端，gnd→地线端，out→输出端，vs→电源端，bp→旁路电容接入端，g8→增益设定端。

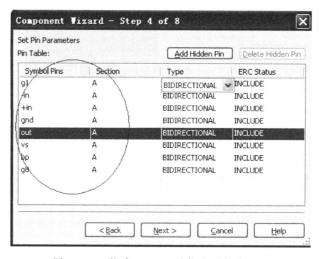

图 5.2.5　构建 LM386 的仿真元件步骤 5

（6）点击 Next 按图 5.2.6 进行。输入管脚封装编号→1，2，3，4，5，6，7，8。

（7）点击 Next，按图 5.2.7 进行。输入 LM386 的仿真模型。现在管脚功能符号和管脚排序编号形成关联（图 5.2.8）。

（8）点击 Next，按图 5.2.9 进行。

数据类型：用户数据库。组别：模拟类元件。族：DEF 组别。DIN：德国国家标准。

（9）点击 Finish，按图 5.2.10 进行测试，对比仿真波形与 DATASHEET 的数据，是一致的。

项目五　集成功率放大器的装接与调试

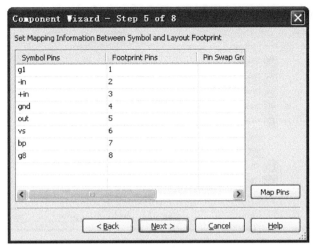

图 5.2.6　构建 LM386 的仿真元件步骤 6

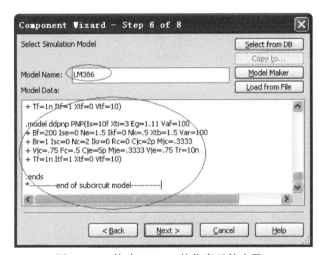

图 5.2.7　构建 LM386 的仿真元件步骤 7

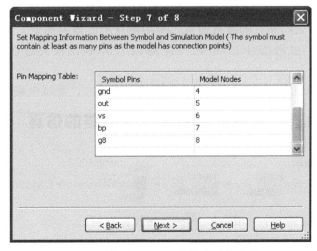

图 5.2.8　构建 LM386 的仿真元件步骤 8

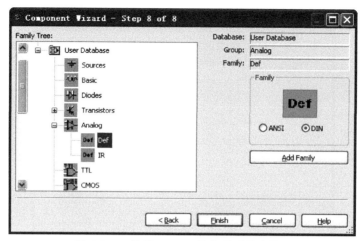

图 5.2.9　构建 LM386 的仿真元件步骤 9

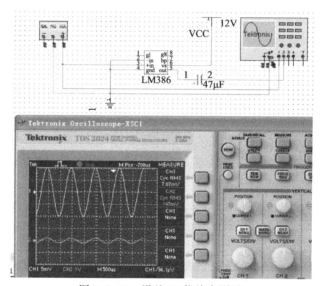

图 5.2.10　增益 20 倍放大测试

对自己设计的模拟类元件 LM386 进行测试，看功能是否符合需求。用函数信号发生器给 LM386 的 3 脚输入 7.07mV 的波形信号（使用泰克示波器的通道 1 测量）。由示波器的通道 2 测量出放大以后的波形信号 147mV。147 除以 7.07 得出放大倍数 20 倍。符合 LM386 的性能。

在 1 脚和 8 脚间加上电容器，可以使放大增益达到 200，测试电路如图 5.2.11 所示。

二、构建 LM386 集成音响功率放大电路的仿真

找出元件。

（1）LM386：⇨ → 数据库：主数据库 → 数据库：用户数据库 → 系列：Select all families / Def → LM386 → ⊞ → 确定。

（2）电阻器：basic 库 → resistor → R7 1k → 放置电阻。

（3）电容器：basic 库 → capacitor → C? Cap 100pF → 放置无极性电容。

项目五　集成功率放大器的装接与调试

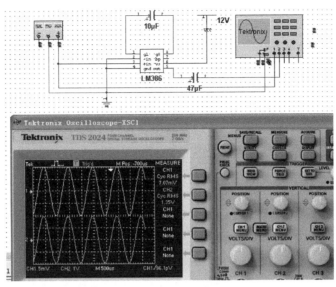

图 5.2.11　增益 200 倍放大测试

（4）电解电容：basic 库→polanzed capacitor→ ![C? 100pF] →放置电解电容。

（5）电位器：basic 库→potentiometer→ ![R? 1k] →放置电位器。

（6）扬声器：![Indicators] → ![BUZZER] → ![扬声器符号] 。

（7）单刀双掷开关：![Basic] → ![SWITCH] → ![SPDT] → ![开关符号] 。

（8）直流电源：![Sources] → ![POWER_SOURCES] → ![VCC] → ![符号] →+12V。

（9）地线：![Sources] → ![POWER_SOURCES] → ![GROUND] → ![地线符号] 。

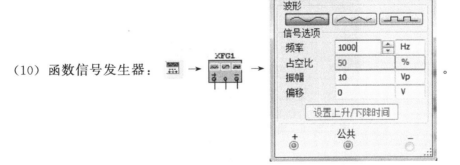

（10）函数信号发生器：

（11）四踪示波器：![图标] → ![XSC1] →放置四通道示波器。

按照 LM386 集成音响功率放大电路的原理图相对位置布局，双击元件修改参数，连接导线；完成后的电路图如图 5.2.12 所示。

利用函数信号发生器产生 1kHz 的音频信号，如图 5.2.13 所示。用示波器观察输入、输出信号如图 5.2.14 所示。输入、输出波形对比如图 5.2.15 所示。

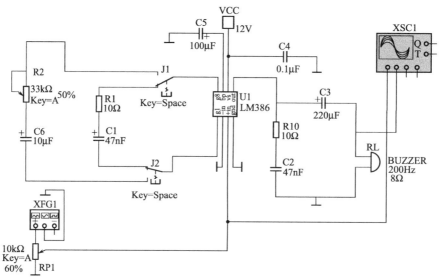

图 5.2.12　LM386 集成音响功率放大电路的原理图

图 5.2.13　1kHz 音频信号

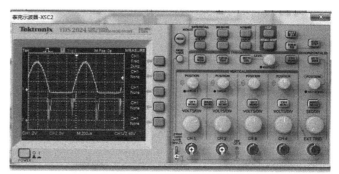

图 5.2.14　LM386 集成音响功率放大电路的输入和输出信号

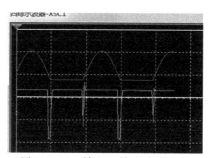

图 5.2.15　输入、输出波形对比

任务实施

1. 实训目标

（1）会使用仿真软件。

（2）功率放大器电路仿真和测量。

2. 实训器材

安装有仿真软件的计算机每人一台。

3. 实训内容

按照功率放大器的原理图进行元件的绘制与放置，用导线进行连接，将虚拟仪表接入并进行测量。

4. 实训评价

集成功率放大器的仿真练习评价标准按表 5.2.1 进行。

表 5.2.1 集成功率放大器的仿真练习评价标准

班级		姓名		学号		组别		
项目	考核内容	配分/分		评分标准			自评	互评
功率放大器电路的仿真练习	LM386 模型的建立	20		不能正确设计元件的扣 20 分				
	元件库中正确调出元件	20		不能正确调出每个扣 5 分				
	元件参数的设置	20		不能正确设置元件参数每个扣 5 分				
	元件的连线	10		不能正确连接导线及测量仪表每处扣 5 分				
	仪表测量	20		不能正确选择仪表的每处扣 5 分 不能正确测量输出波形的每处扣 5 分				
	安全规范	10		工作服要穿戴整齐，操作工位卫生要良好 检查计算机鼠标键盘完好情况 检查计算机电源插头部位、连接情况 离开机位，检查关机、断电情况 没按照上述要求规范的适当扣分				
	合计	100						

学生交流改进总结：

教师总结及签名：

知识拓展　LM386 简介及构建 LM386 模型需要的参数

LM386 是专为低损耗电源所设计的功率放大器集成电路。它的内建增益为 20。透过 pin 1 和 pin8 脚位间电容的搭配，增益最高可达 200。

输入电压范围为 4~12V。无动作时仅消耗 4mA 电流，且失真低。LM386 可使用电池为供电电源。

产品特点：电池供电，最少的外部构件，供电范围较宽 4V±12V 或 5V±18V，静态电流为 4mA，电压增益从 20 倍到 200 倍，接地为参考输入电压，自中心输出静态电压，失真低，采用 8 脚 MSOP 封装。

典型应用：调幅调频收音机放大器，内部通话系统，便携式磁带播放器，放大器，电视音响系统，线路驱动器，超声驱动，小伺服驱动，功率变换器。

LM386 的管脚图如图 5.2.16 所示。

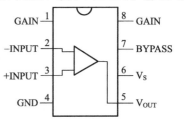

图 5.2.16　LM386 的管脚图

思考与练习

如何设计一个在元件库中没有的元器件？

任务三　搭建功率放大电路

任务描述

使用 YL290 模块搭建功率放大器电路。验证电路功能，为装配焊接做准备。

任务分析

集成功率放大器电路主要由 LM386 组成。因此在 YL290 模块中选择有 LM386 组成的集成电路和有关的电阻器、扬声器搭建成一个完整模块，搭建完成后用仪表对电路进行测量调试。

知识准备

LM386 组成的功率放大器如图 5.3.1 所示，根据电路组成选择搭建的 YL290 模块如图 5.3.2 所示。

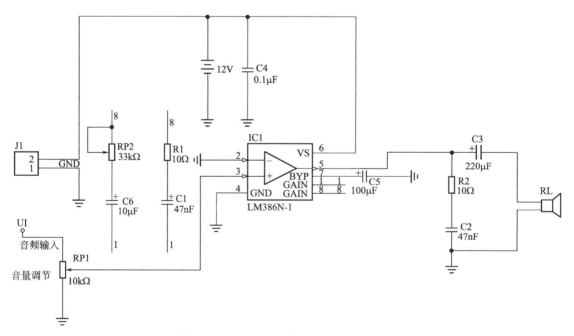

图 5.3.1　LM386 功率放大器电气原理图

集成功率放大器的电路接线如图 5.3.3 所示。

  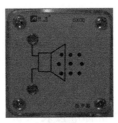 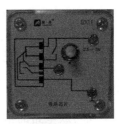

(a) 10k电位器　　　　(b) 33k电位器　　　　(c) 扬声器　　　　(d) 音乐芯片

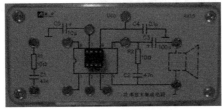 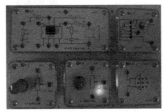

(e) 功率放大器集成电路　　　　(f) 功率放大器电路搭建

图 5.3.2　搭建功率放大电路需要的 YL290 模块

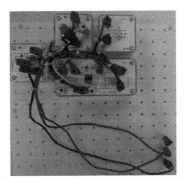

图 5.3.3　集成功率放大器电路接线

任务实施

1. 实训目标

(1) 通过电路的搭建进一步了解功率放大器的工作原理。

(2) 会使用 YL290 模块搭建集成功放电路。

(3) 会利用示波器调试集成功放电路。

2. 实训设备

(1) 电源及仪器：直流电源（+12V 和 +3V），函数信号发生器，示波器，数字万用表。

(2) 模块：RP6（10kΩ）、RP8（33kΩ）、BX_{11}（音乐芯片）、BX_{06}（扬声器）、AX_{16}（组合模块 LM386）。

3. 实训内容与实训步骤

(1) 以组合模块 LM386 为基础，接入其他模块，完成图 5.3.3 所示的接线。

(2) 检查接线无误后，接通电源。从输入端输入正弦信号（$f=1000\text{Hz}$），用示波器观察输出电压波形。测量功放电路电压放大倍数 A，输出功率 P。

① 放大器电压放大倍数 $A=U_{OPP}/U_{IPP}$ （输入/输出电压信号峰峰值）。

② 输出功率 $P_0=U_0^2/R_L$。

（3）用音乐芯片调试，检听扬声器的音响品质。调节音量旋钮，检听对音质的影响。

任务评价

集成功放电路的搭建评价标准按表 5.3.1 进行。

表 5.3.1 集成功放电路的搭建评价表

班级		姓名		学号		组别	
项目	考核内容	配分/分	评分标准			自评	互评
功率放大器电路的搭建	元器件模块的识别	15	能找出基本模块每个给 3 分，共 15 分				
	元器件的插装	15	能够完整地根据功放电路图搭建电路，功能全部实现的给 15 分。没有功能的不给功能分				
	元器件的连线	20	不能正确连接导线的每处扣 5 分				
	仪表测量	40	不能正确使用仪表测量的扣 5 分 不能正确找到测量点的每处扣 5 分 测量结果不正确的每处扣 3 分				
	安全规范	10	工作服要穿戴整齐，操作工位卫生要良好。 没按照上述要求规范的适当扣分				
	合计	100					

学生交流改进总结：

教师总结及签名：

知识拓展

如果换 YL291 模块的高品质扬声器，音响效果更佳。

思考与练习

集成功率放大电路的电压放大倍数是如何测量和计算出来的？

任务四

设计功率放大器电路的 PCB 板

任务描述

使用制板软件 Protel Dxp 2004 设计功率放大器电路的印刷电路板。

任务分析

本次主要任务是按照功率放大器电路电气原理图和电子元件实际尺寸设计电子元件封装，并进一步完成功率放大器电路的印刷电路板的设计，并能够导出元件明细表。

知识准备

一、集成功放电路的 PCB 板

1. 创建一个 PCB 项目

Protel Dxp 2004→文件→创建→PCB 项目→PCB_Project1.prjPCB。

2. 添加新文件到项目 PCB-Project1.prjPCB 中

在项目中分别添加原理图文件、PCB 文件、原理图库文件、PCB 库文件。

PCB-Project1.prjPCB→追加新文件到项目中→Schematic→Sheet1.SchDoc。

PCB-Project1.prjPCB→追加新文件到项目中→PCB→PCB1.PcbDoc。

PCB-Project1.prjPCB→追加新文件到项目中→Schematic library→Schlib1.Schlib。

PCB-Project1.prjPCB→追加新文件到项目中→PCB library→Pcblib1.Pcblib。

3. 统一文件名

Sheet1.SchDoc→保存→保存在 Examples→文件名→Sheet1→LM386 功率放大器电路→复制→保存→LM386 功率放大器电路.SchDoc。

PCB1.PcbDoc→保存→保存在 Examples→文件名→PCB1→粘贴→LM386 功率放大器电路→保存→LM386 功率放大器电路.PcbDoc。

Schlib1.Schlib→保存→保存在 Examples→文件名→Schlib1→粘贴→LM386 功率放大器电路→保存→LM386 功率放大器电路.SchDoc。

Pcblib1.Pcblib→保存→保存在 Examples→文件名→Pcblib1→粘贴→LM386 功率放大器电路→保存→LM386 功率放大器电路.PcbLib。

Project1.prjPCB→保存→保存在 Examples→文件名→Project1→粘贴→LM386 功率放大器电路→保存→LM386 功率放大器电路.PcbLib.prjPCB。

4. 绘制原理图

（1）LM386 功率放大器电路.SchDoc 界面→浏览元件库→Miscellaneous Devices.IntLib 库→RES→RES2→ [R? Res2] →TAB→R1→CTRL→连续放置多个电阻 R1、R2。

（2）RP→POT→ [R? Rpot] →RP 电位器→TAB→RP1→CTRL→连续放置 RP1、RP2。

（3）CAP→CAP→ [C? Cap] →TAB→C1→CTRL→连续放置多个电容 C2、C4。

（4）CAP→Cap Pol2→ [C? Cap Pol1] →TAB→C1→CTRL→连续放置多个电解电容 C1、C3、C5、C6。

（5）Speaker→speaker→ [LS?] →放置耳机 RL。

（6）Miscellaneous Connectors.IntLib→HEAD→header2→ [图] →放置两针端子。

（7）Battery→ [图] →放置12V电源。

（8）浏览器→查找→LM386→ [图] →放置LM386。

5. 合理布局连接导线

注意：用网络标签标识电源线和地线。

6. 把电气原理图转换成PCB

单击设计→下拉→单击Updata；把电气原理图转换成PCB。

7. PCB布局

在PCB界面删除网格，按照信号走向布局。

8. 布线

单击自动布线→全部对象→编辑规则→打开PCB规则和约束编辑器→routing layers→选择布线层底层布线bottom layer；选择宽度规则width→选择30mil→单击确定开始布线。

9. 工具栏→设计规则检查

10. 定义PCB板尺寸

设计→PCB板形状→重定义PCB板形状。

11. 覆铜

放置覆铜→选择覆铜模式→连接网络接地；分别选择顶层和底层覆铜；保存文件。

12. 三维PCB板

PCB模式→查看→显示三维PCB板。绘制好的原理图如图5.4.1所示。

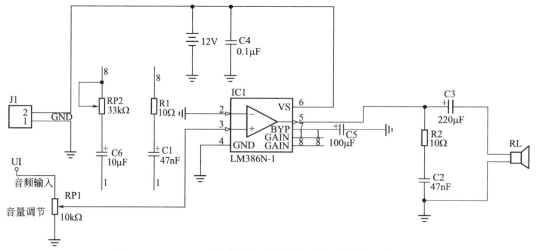

图5.4.1　LM386集成音响功率放大电路及其应用原理图

在装配、焊接电子产品时经常用到探针，探针的作用是有利于使用示波器、万用表测量电子电路关键点电压波形、电压等参数时，仪器的探头、表笔测量方便。设计 PCB 时，在原理图元件库自行绘制一个探针符号。在 PCB 库用一个焊点表示探针的封装。绘制出的集成功放的应用测试探针如图 5.4.2 所示。

图 5.4.2　LM386 集成功放的应用测试探针

生成的 PCB 板及三维 PCB 板如图 5.4.3 和图 5.4.4 所示。

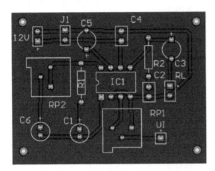

图 5.4.3　LM386 集成音响功率放大电路的 PCB 板

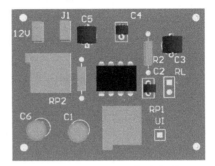

图 5.4.4　LM386 集成音响功率放大电路的三维 PCB 板

二、Protel Dxp 2004 导出的网络表

在电脑上运行 Protel Dxp 2004 软件，点击设计→文档网络表→PROTEL，然后生成集成音响功放的文档网络表 5.4.1 和原理图 SCH 与 PCB 的接口表 5.4.2。

表 5.4.1　集成音响功放的网络表

元件标识符	元件封装名称	元件库参考	元件标识符	元件封装名称	元件库参考
12V	BAT-2	Battery	UI	PIN1	音频输入
C1	CAPPR2-5×6.8	Cap Pol1	J1	HDR1×2	Header 2
C2	CAPR2.54-5.1×3.2	Cap	R1	AXIAL-0.4	Res2
C3	CAPPR5-5×5	Cap Pol1	R2	AXIAL-0.4	Res2
C4	CAPR2.54-5.1×3.2	Cap	RL	PIN2	Speaker
C5	CAPPR5-5×5	Cap Pol1	RP1	VR4	RPot
C6	CAPPR2-5×6.8	Cap Pol1	RP2	VR4	RPot
IC1	N08E	LM386N-1			

表 5.4.2　原理图 SCH 与 PCB 的接口

原理图 SCH 与 PCB 的接口	解释	原理图 SCH 与 PCB 的接口	解释
NetC1_1 C1-1 R1-1	网络端口 C1_1 有 2 个元件和它相连	NetC2_2 C2-2 R2-1	网络端口 C2_2 有 2 个元件和它相连
NetC3_1 C3-1 IC1-5 R2-2	网络端口 C3_1 有 3 个元件和它相连	NetC3_2 C3-2 RL-1	网络端口 C3_2 有 2 个元件和它相连

续表

原理图 SCH 与 PCB 的接口	解释	原理图 SCH 与 PCB 的接口	解释
NetC5_1 C5-1 IC1-7	网络端口 C5_1 有 2 个元件和它相连	NetC6_1 C6-1 RP2-2	网络端口 C6_1 有 2 个元件和它相连
NetIC1_3 IC1-3 RP1-3	网络端口 C1_3 有 2 个元件和它相连	NetRP1_2 RP1-2 UI-1	网络端口 RP1_2 有 2 个元件和它相连
1 C1-2 C6-2I C1-1	网络端口 1 有 3 个元件和它相连	8 IC1-8 R1-2 RP2-1 RP2-3	网络端口 8 有 4 个元件和它相连
Net12V_1 12V-1 C4-1 IC1-6 J1-2	网络端口 12V_1 有 4 个元件和它相连	GND 12V-2 C2-1 C4-2 C5-2 IC1-2 IC1-4 J1-1 RL-2 RP1-1	网络端口 GND 有 9 个元件和它相连

任务实施

1. 实训目标

（1）能够掌握 Protel Dxp 2004 基本使用方法；设计功率放大器电路 PCB 板。

（2）会编写功率放大器电路元器件明细表。

（3）能够实现功率放大器电路的 PCB 设计。

2. 实训器材

安装有 Protel Dxp 2004 软件的计算机每人一台。

3. 实训内容

（1）使用制板软件绘制功率放大器电路的电气原理图。

（2）使用制板软件设计功率放大器电路的 PCB 图。

（3）使用数显游标卡尺或直尺测量按键，设计按键原理图符号和 PCB 封装。

（4）导出三维图。

（5）导出网络表。

任务评价

集成功率放大器 PCB 板的评价标准按表 5.4.3 进行。

表 5.4.3 集成功率放大器 PCB 板的评价标准

班级		姓名		学号		组别		
项目	考核内容		配分/分	评分标准			自评	互评
功率放大器的PCB制作	Protel Dxp 2004 软件的使用		10	不会正确使用软件的扣 10 分				
	功率放大器的 PCB 制作		50	没按照要求制作的或制作没成功的扣 50 分				
	网络生成表		30	不能生成网络表的扣 30 分				
	安全规范		10	工作服要穿戴整齐,操作工位卫生要良好 没按照上述要求规范的适当扣分				
	合计		100					

学生交流改进总结:

教师总结及签名:

知识拓展

使用 Protel Dxp 2004 设计音响放大电路的印制线路板。用激光打印机把 PCB 排版图打印在热转印纸上。用热转印机把排版图热转印到覆铜板上。用化学反应的方法蚀刻电路,钻孔。完成 LM386 音响放大电路的制作。

思考与练习

应用探针是如何做出的?为何要做出应用探针?

任务五 ▷▷▷
功率放大器电路的装接与调试

任务描述

在给定的实验板上用 LM386 等实际元件按照焊接工艺完成功率放大器的装配、调试。

任务分析

根据给定的电路原理图,将选定的实际的分立元件,准确地焊接在电路板上,要符合焊接工艺的要求,完成焊接以后要会使用仪表对电路进行调试。

知识准备

一、导出功率放大器的元件明细表

在 Protel Dxp 2004 运行环境下,点击"报告",点击"simple BOM",导出元件明细表。

Bill of Material for 功率放大器386.PRJPCB
On 2015/8/11 at 14：37：40

Comment	Pattern	Quantity	Components	
Battery	BAT-2	1	12V	Multicell Battery
Cap Poll	CAPPR2-5×6.8	2	C1，C6	Polarized Capacitor（Radial）
Cap Poll	CAPPR5-5×5	2	C3，C5	Polarized Capacitor（Radial）
Cap	CAPR2.54-5.1×3.2	2	C2，C4	Capacitor
Header 2	HDR1×2	1	J1	Header，2-Pin
LM386N-1	N08E	1	IC1	Low-Voltage Audio Power Amplifier
Res2	AXIAL-0.4	2	R1，R2	Resistor
RPot	VR4	2	RP1，RP2	Potentiometer
Speaker	PIN2	1	RL	Loudspeaker
音频输入	PIN1	1	UI	

把元件明细表整理成中文如表5.5.1所示。

表 5.5.1　功率放大电路元器件表

序号	标称	名称	规格	数量	封装	元件库
1	IC1	功率放大器386	DIP；8 Leads；Row Spacing 7.62 mm；Pitch 2.54mm	1	N08E	NSC Audio Power Amplifier.IntLib LM386N-1
2	C1	电容Capacitor	47nF	1	CAPPR2-5×6.8	Miscellaneous Devices.IntLib Cap Pol1
3	C2	电解电容Capacitor	47nF	1	CAPPR2-5×6.8	Miscellaneous Devices.IntLib Cap Pol2
4	C3	电容Capacitor	220μF	1	CAPPR5-5×5	Miscellaneous Devices.IntLib Cap Pol1
5	C4	电解电容Capacitor	0.1μF	1	CAPR2.54-5.1×3.2	Miscellaneous Devices.IntLib Cap Pol2
6	C5	电容Capacitor	100μF	1	CAPPR5-5×5	Miscellaneous Devices.IntLib Cap Pol1
7	C6	电解电容Capacitor	10μF/50V	1	CAPPR2-5×6.8	Miscellaneous Devices.IntLib Cap Pol1
8	R1	电阻Resistor	10Ω	1	AXIAL-0.4	Miscellaneous Devices.IntLib Res2
9	R2	电阻Resistor	10Ω	1	AXIAL-0.4	Miscellaneous Devices.IntLib Res2
10	RP1	电位器Potentiometer	10kΩ	1	VR4	Miscellaneous Devices.IntLib RPot
11	RP2	电位器Potentiometer	33kΩ	1	VR4	Miscellaneous Devices.IntLib RPot
12	RL	扬声器Loudspeaker	Photosensitive Diode；2 Leads	1	PIN2	Miscellaneous Devices.IntLib Speaker

续表

序号	标称	名称	规格	数量	封装	元件库
13	12V	电池 Multicell Battery	Multicell Battery;2 Leads	1	BAT-2	Miscellaneous Devices.IntLib Battery
14	J1	电源插座 Connector; Header; 2 Position	Connector; Header; 2 Position	1	HDR1×2	Miscellaneous Devices.IntLib Header 2

二、电路的安装调试

（1）按元件明细表清点元件。
（2）用色环识别法，识别电阻值；识别电容器正负极；识别 LM386 管脚；识别扬声器管脚。
（3）根据万能板的布线特点确定安装布局和连接方法。
（4）按照安装工艺安装并焊接电子线路。
（5）用万用表欧姆挡测量电路连接情况。
（6）仔细确认、排查故障后，给线路板接上合适的电源。
（7）用万用表电压挡测量电路关键点电压值。
（8）用数字示波器测量电路各关键点波形。

调试时先用函数信号发生器产生 1000Hz 的音频信号，接入电位器 RP1 音频输入端。观察扬声器的音响品质。调节音量电位器，检听对音质的影响。

焊接后的结果如图 5.5.1 和图 5.5.2 所示。

 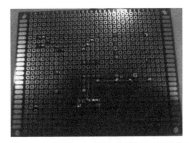

图 5.5.1　LM386 功率放大器 PCB 板元件面　　　图 5.5.2　LM386 功率放大器 PCB 板焊接面

任务实施

1. 实训目标

（1）掌握集成功放电路的工作原理。
（2）进一步掌握焊接工艺技巧。

2. 实习工具及器材

工具及仪表：电烙铁、镊子、斜口钳、松香、焊锡丝、万用表。

3. 实习内容

在万能试验板上，装配 LM386 功率放大器。

任务评价

集成功放电路的装配焊接评价标准按表 5.5.2 进行。

表 5.5.2 集成功放电路的装配焊接评价标准

项目	考核内容	配分/分	评分标准	自评	互评
班级：	姓名：	学号：	组别：		
集成音响功放的装配、焊接和测量	LM386 功率放大器	20	元件选择错误的每个扣 2 分 不能正确检测元件的每个扣 2 分 元件未处理的每个扣 2 分 元器件安装不正确的每个扣 2 分		
	LM386 功率放大器的焊接	40	评价参考：非贴片焊接工艺按下面标准分级评价 A级：所焊接的元器件的焊点适中，无漏、假、虚、连焊，焊点光滑、圆润、干净，无毛刺，焊点基本一致，引脚加工尺寸及成型符合工艺要求；导线长度、剥线头长度符合工艺要求，芯线完好，捻线头镀锡。得 40 分 B级：所焊接的元器件的焊点适中，无漏、假、虚、连焊，但个别（1~2个）元器件有下面现象：有毛刺，不光亮，或导线长度、剥线头长度不符合工艺要求，捻线头无镀锡。得 30~39 分 C级：3~6 个元器件有漏、假、虚、连焊，或有毛刺，不光亮，或导线长度、剥线头长度不符合工艺要求，捻线头无镀锡。得 20~29 分 不入级：有严重（超过 7 个元器件以上）漏、假、虚、连焊，或有毛刺，不光亮，导线长度、剥线头长度不符合工艺要求，捻线头无镀锡。得 10 分 超过五分之一的元器件（15 个以上）没有焊接在电路板上。得 0 分		
	LM386 功率放大器的测量	30	万用表测量点不正确的每处扣 2 分 不能正确读数的扣 2 分 示波器使用不正确扣 5 分 绘制波形不正确的每个扣 5 分		
	安全规范	10	工作服要穿戴整齐，操作工位卫生要良好。做不到或不到位的扣 5 分 违反操作规范的扣 5 分		
	合计	100			

学生交流改进总结：

教师总结及签名：

知识拓展

换上 YL291 的音响模块效果更佳。

思考与练习

1. 如何识别 LM386 和扬声器的管脚？
2. 调节音量电位器，对音质有没有影响？

项目六

叮咚门铃的装接与调试

知识目标

(1) 熟悉 555 集成电路的组成及应用。
(2) 掌握电子门铃线路的工作原理。

技能目标

(1) 会用仿真软件 Multisim11 完成叮咚门铃电路的仿真与测量。
(2) 会用 YL290 模块完成叮咚门铃电路的搭建与测量。
(3) 能够使用 Protel Dxp 2004 完成叮咚门铃电路的印刷电路板的设计。
(4) 能够根据电子装接工艺完成叮咚门铃电路的装接与测量。

项目概述

实际生活中,电子门铃的种类繁多,其中叮咚门铃是一种简单的电路。本项目是在完成叮咚门铃电子线路的安装调试基础上,进一步理解 555 集成电路的工作原理及应用,以及由 555 组成的叮咚门铃的工作原理。加深理解仿真软件 Multisim11 和 Protel Dxp 2004 软件的使用。

任务一

555 定时器及其应用电路的工作原理

任务描述

555 定时器是一种模拟和数字电路相混合的集成电路,其结构简单,使用灵活,用途广泛。可以组成多种波形发生器、多谐振荡器、定时延时电路、报警电路等。本任务的目的就是掌握 555 定时器的结构、功能及典型应用。

任务分析

叮咚门铃电路是利用电容器充电使 555 四脚维持高电平,555 振荡器开始工作,3 脚输出矩形波，驱动蜂鸣器发声。当电容器放电电位降低，555又停止振荡输出，蜂鸣器不发声。再次按下按键才能再次发出叮咚声。叮咚门铃电路框图如图6.1.1所示。

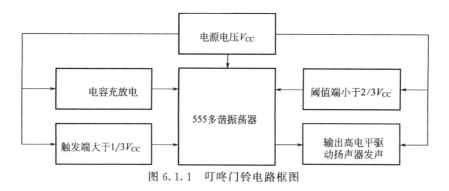

图6.1.1 叮咚门铃电路框图

知识准备

555定时器为数字-模拟混合集成电路。可产生精确的时间延迟和振荡，内部有3个5kΩ的电阻分压器，故称555。

1. 电路组成

555集成电路内部结构和管脚名称如图6.1.2所示。

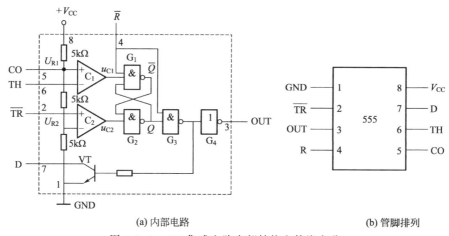

(a) 内部电路　　　　　　　　　　　(b) 管脚排列

图6.1.2 555集成电路内部结构和管脚名称

（1）电阻分压器　由3个5kΩ的电阻R组成，为电压比较器C_1和C_2提供基准电压。

（2）电压比较器　由C_1和C_2组成。当$U_+ > U_-$时，U_C输出高电平，反之则输出低电平。

CO为控制电压输入端。

当CO悬空时，$U_{R1}=2/3V_{CC}$，$U_{R2}=1/3V_{CC}$。

当$CO=U_{CO}$时，$U_{R1}=U_{CO}$，$U_{R2}=1/2U_{CO}$。

TH称为高触发端，TR称为低触发端。

（3）基本RS触发器　其置0和置1端为低电平有效触发。R是低电平有效的复位输入端。正常工作时，必须使R处于高电平。

（4）放电管T　T是集电极开路的三极管。相当于一个受控电子开关。输出为0时，T

导通，输出为 1 时，T 截止。

(5) 缓冲器　缓冲器由 G3 和 G4 构成，用于提高电路的负载能力。

2. 555 定时器的工作原理

当输入信号自 6 脚即高电平触发输入并超过参考电平 $\frac{2}{3}V_{CC}$ 时，触发器复位，555 的输出端 3 脚输出低电平，同时放电管导通。当输入信号自 2 脚输入并低于 $\frac{1}{3}V_{CC}$ 时，触发器置位，555 的 3 脚输出高电平，同时放电管截止。

$\overline{R_D}$ 是复位端（4 脚），当 $\overline{R_D}=0$ 时，555 输出低电平。平时 $\overline{R_D}$ 端开路或接 V_{CC}。555 定时器的工作原理可以总结为如表 6.1.1 所示。

表 6.1.1　555 定时器的工作原理

高触发端 TH	低触发端 $\overline{TR}$	复位端 $\overline{R}$	输出 OUT	放电管 V
×	×	0	0	导通
$>\frac{2}{3}V_{DD}$	$>\frac{1}{3}V_{DD}$	1	0	导通
$<\frac{2}{3}V_{DD}$	$>\frac{1}{3}V_{DD}$	1	保持原态	保持原态
$<\frac{2}{3}V_{DD}$	$<\frac{1}{3}V_{DD}$	1	1	截止

3. 555 定时器的应用

(1) 多谐振荡器　多谐振荡器又称为无稳态触发器，它没有稳定的输出状态，只有两个暂稳态。在电路处于某一暂稳态后，经过一段时间可以自行触发翻转到另一暂稳态。两个暂稳态自行相互转换而输出一系列矩形波。多谐振荡器可用作方波发生器。

图 6.1.3 为有 555 定时器和外接电阻 R1、R2、C 构成的多谐振荡器，其 2 和 6 管脚直接相连。

接通电源后，输出假定是高电平，则 T 截止，电容 C 充电。充电回路是 V_{CC}—R1—

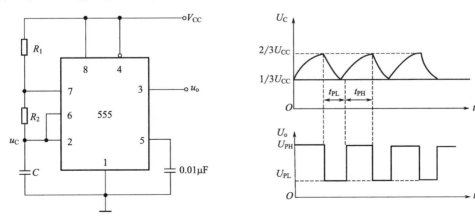

图 6.1.3　多谐振荡器组成和工作原理

R2—C—地,按指数规律上升,当上升到 $2V_{CC}/3$ 时(TH 端电平大于 V_C),输出翻转为低电平。V_O 是低电平,T 导通,C 放电,放电回路为 C—R2—T—地,按指数规律下降,当下降到 $V_{CC}/3$ 时(TH 端电平小于 V_C),输出翻转为高电平,放电管 T 截止,电容再次充电,如此周而复始,产生振荡,经分析可得

输出高电平时间 $T=(R_1+R_2)C\ln 2$

输出低电平时间 $T=R_2 C\ln 2$

振荡周期 $T=(R_1+2R_2)C\ln 2$

输出方波的占空比为

$$D=\frac{t_{PH}}{T}=\frac{R_1+R_2}{R_1+2R_2}$$

(2) 构成施密特触发器 用于 TTL 系统的接口,整形电路或脉冲鉴幅等。

(3) 构成单稳态触发器 用于定时延时整形及一些定时开关中。

555 应用电路采用这 3 种方式中的 1 种或多种组合起来可以组成各种实用的电子电路,如定时器、分频器、元件参数和电路检测电路、玩具游戏机电路、音响告警电路、电源交换电路、频率变换电路、自动控制电路等。

4. 电子门铃的工作原理

门铃电路如图 6.1.4 所示。

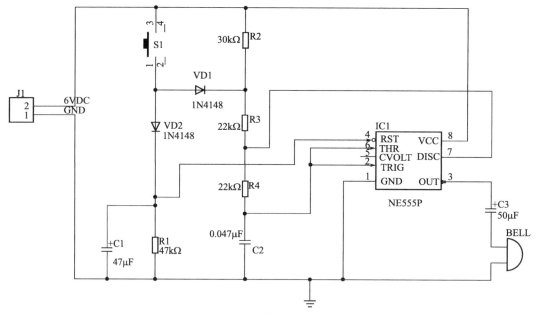

图 6.1.4   555 叮咚门铃电路原理图

SB 为门铃按钮,平时断开状态,在断开的情况下,555 定时器的 4 脚呈低电平,555 电路处于强制复位状态,3 脚输出低电平,扬声器不发声。

接通 SB 后,电源通过 VD2 对 C1 快速充电,使管脚 4 为高电位,555 构成的多谐振荡器起振,电源通过 VD1、R3、R4 对 C2 充电,振动信号从 3 脚输出驱动扬声器发出"叮……"的声音。

松开 SB 后,由于 C1 上已充满电荷,4 脚呈高电位,电路继续振荡,这时 C2 的充电回路为 R2、R3、R4、C2,3 脚输出振荡信号,门铃发出响声。

随着 C1 的放电,其上的电压逐渐降低,当低于 0.4V 以后,555 电路强制复位,电路停振,此信号从 3 脚输出,扬声器发出"咚……"的声音。

任务实施

1. 实训目标

(1) 学会分析 555 电路的工作原理。
(2) 学会填写元器件明细表。

2. 实训器材

每人一份音乐门铃电路原理图一份。

3. 实训内容

按照电路原理图将元件标称、名称、规格填入表格 6.1.2 中。

表 6.1.2 叮咚门铃电路元件名称规格表

序号	标称	名称	规格	序号	标称	名称	规格

任务评价

叮咚门铃的原理分析评价按照表 6.1.3 执行。

表 6.1.3 叮咚门铃原理分析考核评价表

班级		姓名		学号		组别	
项目	考核内容		配分/分	评分标准		自评	互评
电路原理分析及元器件明细表填写	元件的识别		30	不能正确识别每个扣 10 分			
	明细表的填写		70	不能正确填写,每填错一个元件扣 3 分			
	合计		100				

学生交流改进总结:

教师总结及签名:

知识拓展

想办法设计双音变音门铃电路（图 6.1.5）。

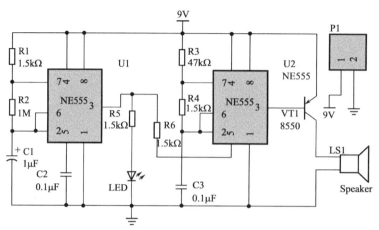

图 6.1.5　双音变音门铃电路

思考与练习

1. 555 定时器是如何工作的？
2. 试分析叮咚门铃的工作过程？

任务二　▷▷▷▷
叮咚门铃电路的仿真与测量

任务描述

根据掌握的 555 定时器的理论知识，利用电子仿真软件 Multisim11 设计叮咚门铃电路，并验证 555 电路的三种工作状态。

任务分析

叮咚门铃是 555 定时器的一个具体应用，本任务是用 Multisim11 软件对叮咚门铃电路进行仿真运行，并且测量其有关参数。

知识准备

一、叮咚门铃电路的绘制

（1）在电脑上启动运行 Multisim11 仿真软件。

点击"放置混合杂项元件"按钮（图 6.2.1），弹出对话框的"系列"栏如图 6.2.2 所示。

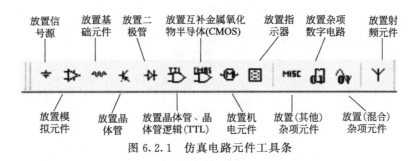

图 6.2.1 仿真电路元件工具条

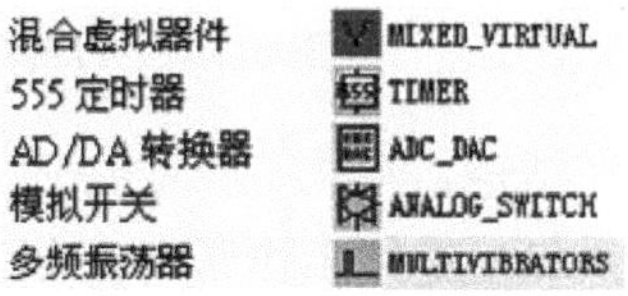

选中"555 定时器（TIMER）"，选"元件"栏中 LM555，放在工作界面上。

(2) 电阻器：Basic 库→Resistor→ ⚊▭⚊ →CTR+R 旋转→放置电阻→双击修改参数。

(3) 二极管：Diode 库→diode _ 1N4148→ ⚊▷|⚊ →CTR+R 旋转、调整方向→放置二极管。

(4) 电容器：Basic 库→capacitor→CAP-ELECTROLIT→ ⚊+||⚊ →CTR+R 旋转、调整方向→放置电解电容→双击修改参数。

图 6.2.2 放置混合杂项元件

(5) Basic 库→capacitor→CAP→ ⚊||⚊ →CTR+R 旋转、调整方向→放置电容→双击修改参数。

(6) 指示器件库 indicators→buzzer→ 🔔 →放置蜂鸣器。

(7) Basic→switch→spst→ ⌐⌐ →放置开关。

(8) 按照原理图布置元件，连接导线，双击元件修改参数，仿真运行。

绘制好的原理图如图 6.2.3 所示。

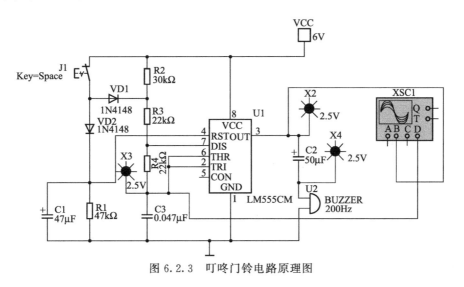

图 6.2.3 叮咚门铃电路原理图

二、测量

使用示波器测量电容充放电波形；测量 555 定时器管脚 3 的输出波形。测量结果如图 6.2.4 所示。

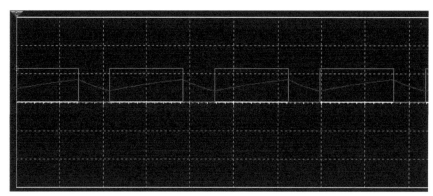

图 6.2.4　叮咚门铃电路电容充放电波形和 555 定时器管脚 3 的输出波形

结论：

（1）整体工作原理：电源经电阻向电容充电，电容上电荷逐渐积累；当达到 555 阈值电压时，3 脚开始输出方波信号，经电容耦合驱动蜂鸣器发声；

（2）红绿黄信号指示灯能够直观显示电平的高低；"亮"表示电平"高"，"灭"表示电平"低"；

（3）示波器测量电容器充电、放电波形为锯齿波；

（4）示波器测量 555 输出波形为方波；

（5）观察锯齿波和方波，两波形频率相同。

任务实施

1. 实训目标

（1）仿真软件的熟练使用。

（2）掌握音乐门铃电路的仿真和测量。

2. 实训器材

安装有仿真软件的计算机每人一台。

3. 实训内容

在安装有仿真软件的电脑上对音乐门铃电路进行仿真和测量。

任务评价

叮咚门铃仿真训练的评价按评价表 6.2.1 进行。

表 6.2.1　叮咚门铃的仿真训练评价表

班级		姓名		学号		组别	
项目	考核内容		配分/分	评分标准		自评	互评
音乐门铃的仿真练习	元件库中正确调出元件		20	不能正确调出每个扣 5 分			
	元件参数的设置		20	不能正确设置元件参数每个扣 5 分			
	元件的连线		10	不能正确连接导线及测量仪表每处扣 5 分			
	仪表测量		40	不能正确选择仪表的每处扣 5 分 不能正确测量输出波形的每处扣 5 分			

续表

		工作服要穿戴整齐，操作工位卫生要良好	
安全规范	10	检查计算机鼠标键盘完好情况 检查计算机电源插头部位、连接情况 离开机位，检查关机、断电情况 没按照上述要求规范的适当扣分	
合计	100		

学生交流改进总结：

教师总结及签名：

知识拓展

利用两个 555 设计一个双音变音门铃电路。

双音变音门铃电路需要用到的元件如下。

9V 电源：Sources 库→POWER_SOURCES→VCC→□→双击改成 9V。

地：Sources 库→POWER_SOURCES→GROUND→⊥。

电阻：基本元件库→RESISTOR→—▭—→双击改成相应阻值。

电容：Basic 库→CAPACITOR→—||—→双击改成相应值。

电解电容：Basic 库→CAP_ELECTROLIT→—|(—→双击改成相应值。

发光二极管：库→LED→LED_red→  →确定(O)→放在适当位置。

三极管：Transistors→BJT_PNP→ ⊲ 。

扬声器：Indicators→BUZZER→⊳。

555：搜索(S)→元件：LM555→搜索(S)→确定(O)→ ▯ 。

思考与练习

用虚拟仪表测量的 555 定时器管脚 3 的波形和电容器充放电的波形有何异同？

任务三
搭建叮咚门铃电路

任务描述

认真分析叮咚门铃电路，根据电路需要选择 YL290 模块，根据电路信号走向布局，连接导线，搭建叮咚门铃电路。

任务分析

本任务就是在了解叮咚门铃电路的工作原理以后，利用 YL290 模块搭建叮咚门铃电路。使用万用表、示波器对电路进行实际测量，为实际焊接电路做好准备。

知识准备

认识模块，根据叮咚门铃原理电路图挑选搭建电路需要的 YL290 模块，按照叮咚门铃电路布局（图 6.3.1）。

(a) IN4148开关二极管

(b) 47μF电解电容

(c) 47k和22k电阻

(d) 蜂鸣器

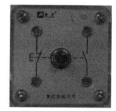
(e) 复位开关

(f) 555集成电路（芯片）

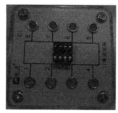
(g) 8管脚IC芯片集成底座

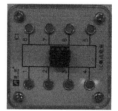
(h) 555集成电路模块

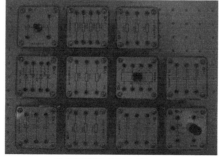
(i) 叮咚门铃电路布局

图 6.3.1　叮咚门铃所需模块及布局

项目六　叮咚门铃的装接与调试　131

任务实施

1. 实训目标

（1）了解 YL290 模块清单和模块基本电路。
（2）能够结合搭建电路，分析、理解音乐门铃电路的工作原理。
（3）熟悉用 555 定时器组成多谐振荡器电路及其工作波形。

2. 实习器材

YL290 模块、R06 22kΩ、R06 47kΩ、C03 0.047μF、C15 47μF、按钮开关 S2、VD2（1N4148×2）、BX06（扬声器 8Ω）、集成器件及元件：555（集成电路）、导线若干、135 工作台、绑扎线。

3. 实训内容

按照前述的工作原理及仿真运行情况，选择合适的模块电路进行搭建。

搭建后的结果如图 6.3.2 所示。

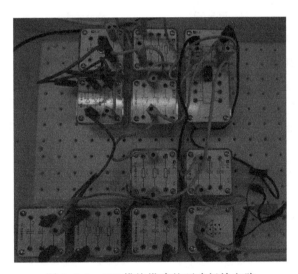

图 6.3.2　290 模块搭建的叮咚门铃电路

在搭建完成以后，接入 6V 直流电源，6V 直流电源由工作试验台直接提供（图 6.3.3），与叮咚门铃电路的接入如图 6.3.4 所示。

 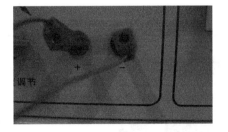

图 6.3.3　135 工作台提供 6V 直流电源　　　图 6.3.4　6V 直流电源与叮咚门铃电路接口

然后接入数字示波器测量 555 定时器管脚 3 的输出波形，其接法和测量的波形如图 6.3.5 和图 6.3.6 所示。

图 6.3.5　数字示波器通道 1 测量叮咚门铃电路

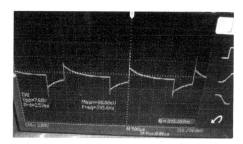

图 6.3.6　555 定时器管脚 3 的输出波形

任务评价

叮咚门铃电路的搭建评价按照表 6.3.1 进行。

表 6.3.1　叮咚门铃电路搭建评价表

班级		姓名		学号		组别		
项目	考核内容		配分/分	评分标准			自评	互评
叮咚门铃的搭建	元器件模块的识别		15	不能正确识别的每个扣 2 分				
	元器件的插装		15	不能正确插装的每个扣 2 分				
	元器件的连线		20	不能正确连接导线的每处扣 5 分				
	仪表测量		40	不能正确使用仪表测量的扣 5 分 不能正确找到测量点的每处扣 5 分 测量结果不正确的每处扣 3 分				
	安全规范		10	工作服要穿戴整齐,操作工位卫生要良好 没按照上述要求规范的适当扣分				
	合计		100					

学生交流改进总结：

教师总结及签名：

知识拓展

搭建双 555 组成的变音门铃电路。

思考与练习

用实际仪表测量的 555 定时器的输出波形和用虚拟仪表仿真测量的结果一样吗?

任务四

叮咚门铃电路的 PCB 板设计

任务描述

使用 Protel Dxp 2004 制板软件设计叮咚门铃电路的印刷电路板。利用三维图像观察布局情况。导出网络表和元件明细表。

任务分析

本次主要任务是按照叮咚门铃电路电气原理图和电子元件实际尺寸设计电子元件封装，并进一步完成叮咚门铃电路的印刷电路板的设计。

知识准备

一、绘制 PCB 板

1. 创建一个 PCB 项目

Protel Dxp 2004→文件→创建→PCB 项目→PCB _ Project1. prjPCB。

2. 添加新文件到项目 PCB-Project1. prjPCB 中

在项目中分别添加原理图文件、PCB 文件、原理图库文件、PCB 库文件。

PCB-Project1. prjPCB→追加新文件到项目中→Schematic→Sheet1. SchDoc。

PCB-Project1. prjPCB→追加新文件到项目中→PCB→PCB1. PcbDoc。

PCB-Project1. prjPCB→追加新文件到项目中→Schematic library→Schlib1. Schlib。

PCB-Project1. prjPCB→追加新文件到项目中→PCB library→Pcblib1. Pcblib。

3. 统一文件名

Sheet1. SchDoc→保存→保存在 Examples→文件名→Sheet1→叮咚门铃电路→复制→保存→叮咚门铃电路. SchDoc。

PCB1. PcbDoc→保存→保存在 Examples→文件名→PCB1→粘贴→叮咚门铃电路→保存→叮咚门铃电路. PcbDoc。

Schlib1. Schlib→保存→保存在 Examples→文件名→Schlib1→粘贴→叮咚门铃电路→保存→叮咚门铃电路. SchDoc。

Pcblib1. Pcblib→保存→保存在 Examples→文件名→Pcblib1→粘贴→叮咚门铃电路→保存→叮咚门铃电路. Pcblib。

Project1. prjPCB→保存→保存在 Examples→文件名→Project1→粘贴→叮咚门铃电路→保存→叮咚门铃电路. Pcblib. prjPCB。

4. 绘制原理图

（1）叮咚门铃电路. SchDoc 界面→浏览元件库→Miscellaneous Devices. IntLib 库→RES

→RES2→ R?/Res2 →TAB→R1→CTRL→连续放置多个电阻 R1、R2、R3、R4。

（2）CAP→CAP→ C?/Cap →TAB→C1→CTRL→放置无极性电容 C2。

（3）CAP→Cap Pol2→ C?/Cap Pol1 →TAB→C1→CTRL→连续放置多个电解电容 C1、C3。

（4）DIODE→Diode 1N914→ D? →TAB→VD1 1N4148→CTRL→连续放置多个三极管 VD1、VD2。

（5）SW-SPST→ S?/SW-SPST →放置开关 S1。

（6）BELL→BELL→ LS?/Bell →放置蜂鸣器。

（7）SEARCH→NE555P→NE555JG→ [NE555JG] →放置 IC1NE555。

（8）Miscellaneous Connectors.IntLib→HEAD→header2→ [Header 2] →放置电源插头 J1。

注意：需要自行设计按键（图 6.4.1）和封装（图 6.4.2）。

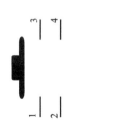
图 6.4.1 叮咚门铃电路按键自行设计

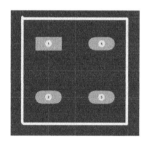
图 6.4.2 叮咚门铃电路按键封装

5. 理布局连接导线

注意：用网络标签标识电源线和地线。

6. 把电气原理图转换成 PCB

单击设计→下拉→单击 Updata；把电气原理图转换成 PCB。

7. PCB 布局

在 PCB 界面删除网格，按照信号走向布局。

8. 布线

单击自动布线→全部对象→编辑规则→打开 PCB 规则和约束编辑器→routing layers→选择布线层底层布线 bottom layer；选择宽度规则 width→选择 30mil→单击确定开始布线。

9. 工具栏→设计规则检查

10. 定义 PCB 板尺寸

设计→PCB 板形状→重定义 PCB 板形状。

11. 覆铜

放置覆铜→选择覆铜模式→连接网络接地；分别选择顶层和底层覆铜；保存文件。

12. 三维 PCB 板

PCB 模式→查看→显示三维 PCB 板。

绘制出的 PCB 板如图 6.4.3 所示，三维 PCB 板如图 6.4.4 所示。

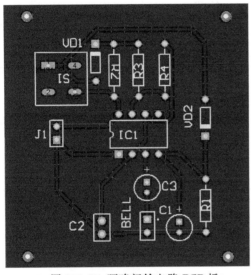

图 6.4.3　叮咚门铃电路 PCB 板

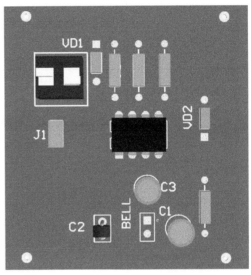

图 6.4.4　叮咚门铃电路三维 PCB 板

二、导出网络表

在 Protel Dxp 2004 运行界面下，在原理图模式下点击设计→设计项目的网络表→PROTEL。最后生成网络表 6.4.1 和原理图 SCH 与 PCB 接口表 6.4.2。

表 6.4.1　叮咚门铃电路的网络表

元件标识符	元件封装名称	元件库参考	元件标识符	元件封装名称	元件库参考
BELL	BELL PIN2	Miscella neous Devices,IntLib BELL	R2	AXIAL-0.4	Res2
C1	CAPPR2-5×6.8	Cap Pol2	R3	AXIAL-0.4	Res2
C2	CAPR2.54-5.1×3.2	Cap	R4	AXIAL-0.4	Res2
C3	CAPPR2-5×6.8	Cap Pol2	S1	DIP4	Component_1
IC1	P008	NE555P	VD1	DIO7.1-3.9×1.9	1N4148
J1	HDR1×2	Header 2	VD2	DIO7.1-3.9×1.9	1N4148
R1	AXIAL-0.4	Res2			

表 6.4.2　原理图 SCH 与 PCB 接口

原理图 SCH 与 PCB 的接口	解释	原理图 SCH 与 PCB 的接口	解释
NetC1_1 C1-1 IC1-4 R1-1 VD2-2	网络端口 C1_1 和 IC1-4、R1-1、VD2-2 相连	NetC2_2 C2-2 IC1-2 IC1-6 R4-1	网络端口 C2 的 2 脚和 IC1 的 2、6 脚、R4 的 1 脚互联
NetC3_1 C3-1 IC1-3	网络端口 C3 的 1 脚和 IC1 的 3 脚相连	NetIC1_7 IC1-7 R3-1 R4-2	网络端口 C1_7 有 3 个元件和它相连
NetR2_1 R2-1 R3-2 VD1-2	网络端口 R2_1 和 R3-2、VD1-2 相连	NetS1_1 S1-1 VD1-1 VD2-1	网络端口 S1_1 有 2 个元件和它相连
NetBELL_1 BELL-1 C3-2	网络端口 BELL_1 和 C3-2 相连	GND BELL-2 C1-2 C2-1 IC1-1 J1-1 R1-2	网络端口 GND 有 6 个元件和它相连
6VDC IC1-8 J1-2 R2-2 S1-3	网络端口 6VDC 有 4 个元件和它相连		

任务实施

1. 实训目标

（1）能够掌握 Protel Dxp 2004 基本使用方法；设计叮咚门铃电路 PCB 板。
（2）会编写叮咚门铃电路元器件明细表。
（3）能够实现叮咚门铃电路的 PCB 设计。

2. 实训器材

安装有 Protel Dxp 2004 软件的计算机每人一台。

3. 实训内容

（1）使用制板软件设计叮咚门铃电路的 PCB 图。
（2）使用数显游标卡尺或直尺测量按键，设计按键原理图符号和 PCB 封装。
（3）导出三维图。
（4）导出网络表。

任务评价

叮咚门铃电路的 PCB 板制作实训评价按表 6.4.3 进行。

项目六 叮咚门铃的装接与调试

表 6.4.3 叮咚门铃电路 PCB 板实训评价表

班级		姓名		学号		组别		
项目	考核内容		配分/分		评分标准		自评	互评
音乐门铃的 PCB 板制作	Protel Dxp2004 软件的使用		10		不会正确使用软件的扣 10 分			
	音乐门铃的 PCB 制作		50		没按照要求制作的或制作没成功的扣 50 分			
	网络生成表		30		不能生成网络表的扣 30 分			
安全规范			10		工作服要穿戴整齐,操作工位卫生要良好 没按照上述要求规范的适当扣分			
合计			100					

学生交流改进总结：

教师总结及签名：

知识拓展

设计双 555 变音门铃电路的 PCB（印刷电路板）。

思考与练习

叮咚门铃的按键设计和封装时要注意哪些地方？

任务五　▷▷▷
叮咚门铃电路的装接与调试

任务描述

在万能试验板上，用给定的元器件安装、焊接 555 叮咚门铃电路。

任务分析

本任务是在掌握叮咚门铃原理的基础上，用实际的元器件进行叮咚门铃产品的组装、焊接及测量。元器件焊接安装无错漏，元器件、导线安装及元器件上字符标示方向均应符合工艺要求；电路板上插件位置正确，接插件、紧固件安装可靠牢固；线路板和元器件无烫伤和划伤处，整机清洁无污物。

知识准备

进一步熟悉叮咚门铃放大电路的工作原理。

从 Protel Dxp 2004 导出元件明细表。

点击"报告",点击"simple BOM",导出元件明细表。

Bill of Material for 叮咚门铃.PRJPCB
On 2015/8/11 at 11:01:41

Comment	Pattern	Quantity	Components	
1N4148	DIO7.1-3.9×1.9	2	VD1,VD2	High Conductance Fast Diode
Bell	PIN2	1	BELL	Electrical Bell
Cap Pol2	CAPPR2-5×6.8	2	C1,C3	Polarized Capacitor (Axial)
Cap	CAPR2.54-5.1×3.2	1	C2	Capacitor
Component_1	DIP4	1	S1	
Header 2	HDR1×2	1	J1	Header,2-Pin
NE555P	P008	1	IC1	Precision Timer
Res2	AXIAL-0.4	4	R1,R2,R3,R4	Resistor

整理成中文如表 6.5.1 所示。

表 6.5.1 叮咚门铃电路的元件明细表

序号	符号	名称(标识符)	型号与规格	数量	封装	元件库
1	VD1、VD2	二极管 1N4148	1N4148	2	DIO7.1-3.9×1.9	Miscellaneous Devices.IntLib Diode 1N4448
2	C1	电容 Capacitor	47μF	1	CAPPR2-5×6.8	Miscellaneous Devices.IntLib Cap Pol2
3	C2	电容 Capacitor	0.047μF	1	CAPR2.54-5.1×3.2	Miscellaneous Devices.IntLib Cap
4	C3	电容 Capacitor	50μF	1	CAPPR2-5×6.8	Miscellaneous Devices.IntLib CAP
5	R1	电阻 Resistor	47kΩ	1	AXIAL-0.4	Miscellaneous Devices.IntLib Res2
6	R2	电阻 Resistor	30kΩ	1	AXIAL-0.4	Miscellaneous Devices.IntLib Res2
7	R3	电阻 Resistor	22kΩ	1	AXIAL-0.4	Miscellaneous Devices.IntLib Res2
8	R4	电阻 Resistor	22kΩ	1	AXIAL-0.4	Miscellaneous Devices.IntLib Res2
9	IC1	集成电路 Precision Timer	NE555P	1	DIP4	TI Analog Timer Circuit.IntLib NE555P
10	S1	Switch	S1	1	SW-PB	Miscellaneous Devices.IntLib SW-PB
11	J1	接插件 Header,2-Pin	6V、DC	1	Header,2-Pin	Miscellaneous Connectors.IntLib Header 2
12	BELL	扬声器 Electrical Bell	0.25Ω、8W	1	PIN2	Miscellaneous Devices.IntLib

任务实施

1. 实训目标

（1）掌握 555 定时器各引脚功能及其使用方法。

（2）进一步熟悉 555 定时器组成的音乐门铃电路的工作原理。

（3）掌握音乐门铃电路安装和测量技能。

（4）能够使用 YL 数字示波器测量电路参数，能够绘制、计算周期、频率。

2. 实习工具及器材

（1）工具及仪表：电烙铁、镊子、斜口钳、万用表、示波器。

（2）器材：135 工作台、万能板、电阻、电容、二极管、555 集成电路、开关、扬声器、焊接导线、焊锡丝。按照元件明细表配齐需要元件。

3. 实习内容

（1）焊接安装　在万能板上以 555 为中心参考叮咚门铃电路原理图布局。电阻、二极管贴板安装，横平竖直；电容器贴板安装；蜂鸣器贴板安装。

安装好的电路如图 6.5.1 所示。

按照焊接工艺要求将安装好的元器件进行焊接。焊接好的叮咚门铃电路焊接面如图 6.5.2 所示。

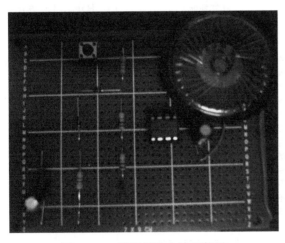

图 6.5.1　叮咚门铃电路元件面

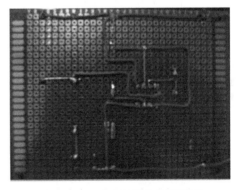

图 6.5.2　叮咚门铃电路焊接面

（2）线路测试

① 装接完成后，根据电路图从电源端开始，逐段校对电子元件技术参数，连接导线，检查焊点有无虚焊及外观质量缺陷。

② 用万用表检查是否有短路问题。

③ 接通电源，按下按钮 SB，聆听扬声器的声音。

④ 用示波器观察各点波形是否符合要求，并将测试结果记录在表 6.5.2 中。

⑤ 请计算周期、频率。公式 $T=1/F$。

⑥ 根据示波器测量结果绘制波形。

⑦ 观察示波器量程、挡位填表。

表 6.5.2　示波器记录叮咚门铃波形及测试结果表

波形	周期	幅度
	量程挡位	量程挡位

任务评价

叮咚门铃装接测试评价按照表 6.5.3 进行。

表 6.5.3　叮咚门铃装接测试评价表

班级		姓名		学号		组别	
项目	考核内容	配分/分	评分标准			自评	互评
音乐门铃的装配、焊接、和测量	门铃电路的装接	20	元件选择错误的每个扣 2 分 不能正确检测元件的每个扣 2 分 元件未处理的每个扣 2 分 元器件安装不正确的每个扣 2 分				
	音乐门铃电路的焊接	40	没有按照焊接工艺正确操作的扣 5 分 出现虚焊、漏焊的,焊接不牢的每个焊点扣 1 分 焊点不光滑,有毛刺的,元件管脚过长的,导线剥线过长的等适当扣分				
	音乐门铃的测量	30	万用表测量点不正确的每处扣 2 分 不能正确读数的扣 2 分 示波器使用不正确扣 5 分 绘制波形不正确的每个扣 5 分				
	安全规范	10	工作服要穿戴整齐,操作工位卫生要良好。做不到或不到位的扣 5 分 违反操作规范的扣 5 分				
	合计	100					

学生交流改进总结:

教师总结及签名:

知识拓展

用两片 555 集成电路设计变音门铃电路。在万能板上安装调试。

思考与练习

1. 在叮咚门铃的安装过程中,是如何做到以 555 定时器为中心布局其他元件的?其他元器件的焊接装配有何要求?

2. 如何计算音乐门铃的周期和频率?

项目七

调光台灯的装接与调试

知识目标

(1) 掌握调光台灯电路的工作原理、接线和调试。
(2) 熟悉示波器的使用方法。
(3) 了解脉冲变压器的性能。
(4) 了解 BT33、可控硅的性能。

技能目标

(1) 会编写调光台灯电路元器件明细表。
(2) 能够实现调光台灯电路的仿真调试。
(3) 能够搭建调光台灯电路。
(4) 能够设计调光台灯电路的 PCB 板。
(5) 掌握调光台灯电路各点电压波形的测定与分析。

项目概述

调光台灯是日常生活中常用的家电产品。调光台灯电路是利用触发电路产生触发脉冲使主电路可控硅导通,通过控制触发信号来控制灯泡的两端电压,从而实现灯的调光亮度;本项目是完成调光台灯电路的分析及安装调试。

任务一

调光台灯电路的工作原理

任务描述

本节的任务主要是了解调光台灯的工作原理,掌握常用元件晶闸管(又称可控硅)和单结晶体管的工作原理,如何控制触发脉冲信号。

任务分析

调光台灯电路:由触发电路和主电路构成。主电路由晶闸管半控桥式整流电路组成。触发电路由电源电路和电容充放电使单结晶体管产生触发脉冲组成。

知识准备

一、晶闸管

1. 晶闸管的结构和符号

晶闸管是由 PNPN 四层半导体构成的三个 PN 结外部有三个电极的半导体元件，如图 7.1.1 所示，最外层的 P 层和 N 层分别引出阳极 A 和阴极 K，中间的 P 层引出门极（又称控制极）G，图 7.1.1 为电路图形符号，文字符号用 VD 表示。

常见晶闸管的外形如图 7.1.2 所示。

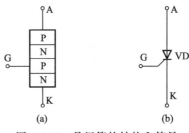

图 7.1.1 晶闸管的结构和符号

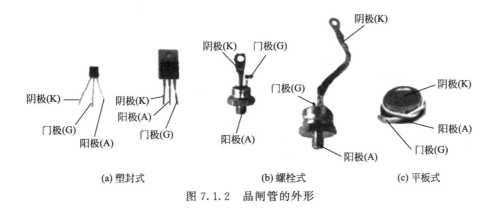

(a) 塑封式　　　(b) 螺栓式　　　(c) 平板式

图 7.1.2 晶闸管的外形

2. 晶闸管的通断条件

晶闸管是一个可以通过控制门极来实现导通的半导体元件，具有和二极管不同的单向导电性。

晶闸管导通的条件如下。

（1）阳极与阴极间加正向电压。

（2）门极和阴极间加正向触发电压（以上两个条件必须同时具备，缺一不可）。

晶闸管导通后关断的条件如下。

（1）阳极与阴极间电压减为零或加反向电压。

（2）通过晶闸管的电流小于维持电流 I_H。（以上两个条件具备一个条件就可以使晶闸管关断）。

另外晶闸管一旦触发导通，门极失去控制作用，可维持导通状态，导通后要想关断必须满足关断的条件。因此晶闸管具有可控的单向导电性，所以又称单向可控硅。由于门极所需电压、电流较低，阳极和阴极间可承受加大电压和通过加大电流，因此，晶闸管可以实现弱电对强电的控制。

3. 晶闸管的简单测试

对于螺栓式和平板式晶闸管可以从外型上分辨出引脚的电极，对于塑封式可利用万用表通过测试其正反向电阻来判断其极性，并检测其好坏。

(1) 晶闸管极性的判别：将万用表置 R×1k 或 R×100 挡，如果测得其中两个电极间阻值较小（正向电阻），交换表笔后测得阻值较大（反向电阻），则阻值较小的时候，黑表笔接的是门极 G，红表笔接的是阴极 K，剩下的为阳极。如果测得正反向电阻都很大时，要调换管脚再进行测试，直到阻值为一大一小为止。

(2) 晶闸管好坏判别：如果测得阳极 A 和门极 G，阳极 A 和阴极 K 间正反向电阻应该都很大，而门极 G 和阴极 K 间正反向电阻有差别，说明晶闸管质量良好，否则，晶闸管不能使用。

4. 晶闸管主要参数

(1) 额定电压：断态重复峰值电压 U_{DRM} 和反向重复峰值电压 U_{RRM} 中较小的那个数值。

(2) 通态平均电流 $I_{T(AV)}$：规定的环境温度和散热条件下，结温为额定值，允许通过的工频正弦半波电流的平均值。

(3) 通态平均电压 $U_{T(AV)}$：结温稳定，通过正弦半波额定的平均电流，晶闸管导通时，阳极和阴极间电压平均值，习惯上称为管压降，一般 1V 左右。

(4) 维持电流 I_H：在规定环境温度下，门极断路时，维持晶闸管导通所必须的最小电流。

二、晶闸管触发电路

晶闸管的导通需要有一个触发电路来提供触发脉冲。触发电路（图 7.1.3）可分为四个部分：脉冲的形成、移相控制、同步电路和脉冲功率放大。

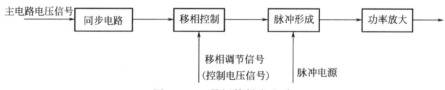

图 7.1.3 晶闸管触发电路

单结晶体管是由两个基极（B1、B2）和一个阴极构成。其构造示意图和图形符号如图 7.1.4 所示。

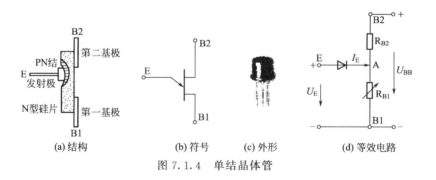

(a) 结构　　(b) 符号　　(c) 外形　　(d) 等效电路

图 7.1.4 单结晶体管

单结晶体管的等效电路如图 7.1.4(d) 所示。E 与 B1 间为一个 PN 结，相当于一只二极管。R_{B1} 表示 B1 与 E 之间电阻，R_{B2} 表示 B2 与 E 之间电阻。正常工作时，R_{B1} 随发射极电流 I_E 的变化而变化，I_E 增大 R_{B1} 减小，R_{B2} 与 I_E 无关。

若在两基极间加上正电压 U_{BB}，则 A 点电压为

$$U_A = \frac{R_{B1}}{R_{B1}+R_{B2}} U_{BB} = \frac{R_{B1}}{R_{BB}} U_{BB} = \eta U_{BB}$$

式中 η——分压比,一般在 0.3~0.9 之间。

单结晶体管的伏安特性曲线如图 7.1.5 所示,从特性曲线上可以看出分为三个区:截止区、负阻区和饱和区。其特点是:当发射极电压等于峰点电压 U_P 时,单结晶体管导通。导通后,发射极电压 U_E 减少,当发射极电压 U_E 减少到谷点电压 U_V 时,管子又由导通转变为截止。一般单结晶体管的谷点电压在 2~5V。

单结晶体管的型号有 BT31、BT33、BT35 等,其中 B 表示半导体,T 表示特种管,3 表示 3 个电极,第四个数字表示耗散功率为 100mW、300mW、500mW。

单结晶体管的管脚的辨别如图 7.1.6 所示。

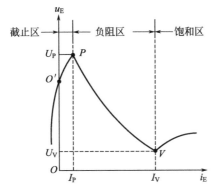

图 7.1.5 单结晶体管的伏安特性

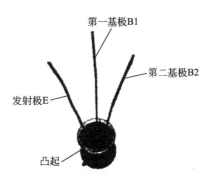

图 7.1.6 单结晶体管的管脚辨别

利用单结晶体管的负阻特性和 RC 电路的充放电特性,组成频率可调的振荡电路,用来产生晶闸管的触发脉冲,如图 7.1.7 所示。

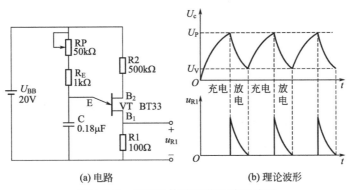

(a) 电路 (b) 理论波形

图 7.1.7 单结晶体管振荡电路及波形

接通电源 U_{BB} 后,电源通过 R2、R1 加在单结晶体管的两个基极上,同时电源通过 RP、R_E 给电容充电,电容两端电压 u_c 按指数规律增加,当 $u_c<U_P$ 时,单结晶体管截止,R1 上没有电压输出,当达到峰点电压 U_P 时,单结晶体管导通,R_{B1} 迅速减少,电容 C 迅速放电,在 R1 上形成脉冲电压。

随着电容放电,u_E 迅速下降,当小于 U_V 时单结晶体管截止,放电结束,输出电压降到零,完成一次振荡。重复上述过程,就会在 R1 上产生一系列的脉冲电压。改变 RP 的阻值(或电容 C 的大小),便可改变电容充放电快慢,使脉冲波形前移或后移,从而控制晶闸管的导通时刻。

图 7.1.8 是一个具有触发电路的单相半控桥式整流电路。上半部分就是单结晶体管触发电路，该电路与图 7.1.7 相比除电源不同外，其余一样。

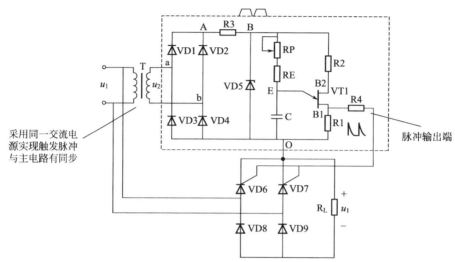

图 7.1.8　单结晶体管同步触发电路

交流电经过整流得到图 7.1.9(a) 波形，经稳压管的稳压，在稳压管两端得到图 7.1.9(b) 波形。此波形电压与交流电压同步。该同步电压作为电源又通过 RP、R_E 向电容 C 充电，电容两端电压 u_C 按指数规律上升。单结晶体管的发射极电压等于电容两端电压。

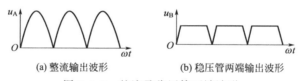

图 7.1.9　整流及稳压管两端波形

当 u_C 小于峰点电压 U_P 时单结晶体管截止，输出 $u_g=0$。

当 u_C 上升到峰点电压 U_P 时单结晶体管导通，其电阻 R_{B1} 急剧减小，于是电容 C 经 E→B_1→R_1 迅速放电，在 R_1 转变为尖脉冲电压 u_g。当 u_C 下降到谷点电压 U_V 时，单结晶体管截止。截止以后，电源再次对电容充电，重复上述过程，就会得到脉冲电压 u_g 的波形，如图 7.1.10 所示。

图 7.1.10　输出脉冲波形

图 7.1.11 是单相半控桥整流调光灯电路原理图。工作原理基本同图 7.1.8 一样。触发电路的移相控制由调节电位器 RP 实现；若 RP 增大，则电容充电时间常数增大，充电过程减慢，使电容电压到达峰点的时刻延后，产生脉冲的时刻延后，控制角增大，导通角减小，整流电路的输出平均电压减小，从而实现了移相控制。

项目七　调光台灯的装接与调试

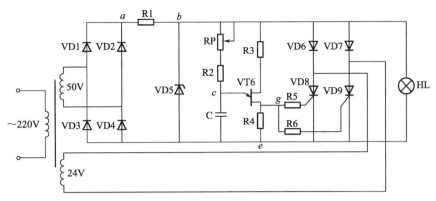

图 7.1.11　单相半控桥整流调光灯电路原理图

任务实施

1. 实训目标

（1）掌握晶闸管的特性，了解单结晶体管组成的触发电路。

（2）学会分析电路工作原理。

（3）学会填写元器件明细表。

2. 实训器材

每人一份调光台灯电路原理图。

3. 实训内容

按照电路原理图将元件标称、名称、规格填入表格 7.1.1 中。

表 7.1.1　调光台灯电路元件明细表

序号	标称	名称	规格	序号	标称	名称	规格

任务评价

调光灯电路原理分析实训评价的要求按照评价表 7.1.2 执行。

表 7.1.2 调光灯电路原理分析评价表

班级		姓名		学号		组别			
项目	考核内容		配分/分		评分标准			自评	互评
电路原理分析及元器件明细表填写	元件的识别		30		不能正确识别每个扣10分				
	明细表的填写		70		不能正确填写，每填错一个元件扣3分				
	合计		100						

学生交流改进总结：

教师总结及签名：

知识拓展

一、晶闸管的选择

晶闸管的特性参数很多，在实际安装与维修时主要考虑额定电压与额定电流。

1. 电压等级选择

晶闸管承受的正向电压与电源电压、控制角 α 及电路的形式有关，一般按照公式估算

$$U_{RRM} \geqslant (1.5 \sim 2) U_{RM}$$

式中　U_{RM}——晶闸管在工作中可能承受的反向峰值电压。

2. 电流等级选择

晶闸管过载能力差，一般按电路最大工作电流来选择，即

$$I_{T(AV)} \geqslant (1.5 \sim 2) I_{t(AV)}$$

式中　$I_{t(AV)}$——电路最大工作电流。

二、晶闸管的保护

普通晶闸管承受过电流和过电压能力很差，在使用中要采取一定的保护措施。

1. 过电压保护

一般是采用阻容吸收电路或压敏电阻等进行过电压保护。阻容吸收保护是利用阻容元件来吸收过电压，其实质是当电路切断瞬间，电感回路产生的磁场能量被电容吸收转换为电场能，然后电容通过电阻放电，将电场能释放出来，从而抑制过电压，保护了晶闸管。一般在电路中有三种接入方式，如图 7.1.12 所示。

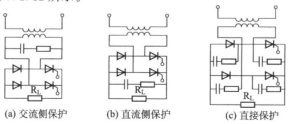

(a) 交流侧保护　　(b) 直流侧保护　　(c) 直接保护

图 7.1.12　阻容保护电路

压敏电阻在电路中也有三种,如图 7.1.13 所示,R_U 为压敏电阻。

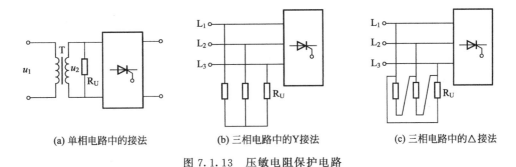

(a) 单相电路中的接法　　(b) 三相电路中的Y接法　　(c) 三相电路中的△接法

图 7.1.13　压敏电阻保护电路

2. 过电流保护

在实际中,常采用快速熔断器进行保护,也有三种接法,如图 7.1.14 所示。

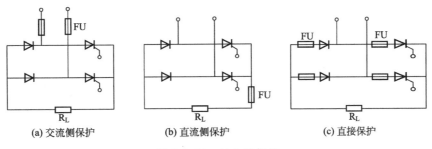

(a) 交流侧保护　　(b) 直流侧保护　　(c) 直接保护

图 7.1.14　过电流保护

思考与练习

1. 晶闸管如何进行测试?
2. 如何选择晶闸管?
3. 分析图 7.1.11 中单相可控调压电路的工作原理。

任务二

调光台灯电路的仿真测量

任务描述

使用电子仿真软件 Multisim11 完成调光台灯电路的仿真与测量。

任务分析

在了解了晶闸管的工作特性、单结晶体管组成的触发电路基础上,利用仿真软件对线路进行仿真运行。

知识准备

一、调出元件

从仿真元件库中调出元件,根据电气原理图在工作界面摆放。

1. 交流电源

Sources 库→POWER_SOURCES→AC_POWER;需要双击修改参数 120～220V,60～50Hz。

2. 变压器

Basic 库→non_linear_transfor→nlt_pq_4_12。

3. 整流桥

Diode 库→Fwb_1b4b42。

4. 稳压二极管

Diode 库→zener_1N4744A。

5. 电位器

Basic 库→potentiometer。

6. 电容器

Basic 库→capacitor。

7. 单结晶体管

Transistors 库→ujt_2n6027。

8. 稳压管

Transistors 库→BJT_NPN_2N1711。

9. 电阻器

Basic 库→Resistor。

10. 二极管

Diode 库→diode_1N4007。

11. 开关管

Diode 库→diode_1N4148。

12. 可控硅

Diode 库→SCR_2N1595。

13. 灯

INdicators 库→VIRTUAL_lamp_virtual。

排列好的元器件如图 7.2.1 所示。

二、连接导线

双击元件修改参数,连接导线。

项目七 调光台灯的装接与调试

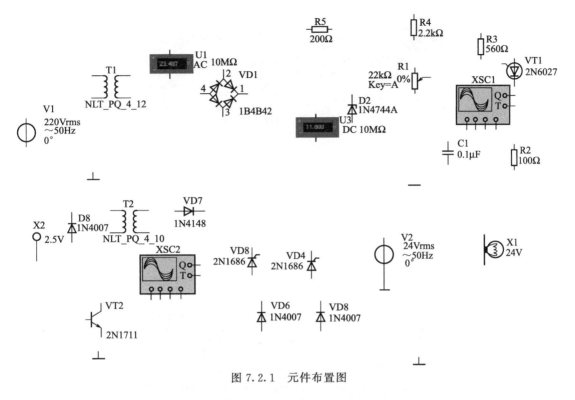

图 7.2.1 元件布置图

连接导线以后的电路如图 7.2.2 所示。

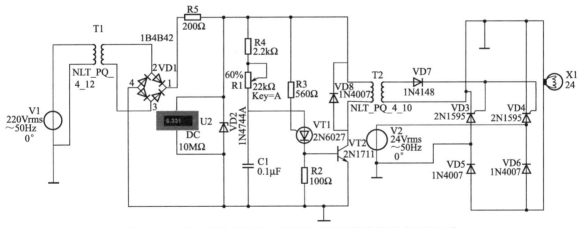

图 7.2.2 单结晶体管触发电路触发的晶闸管半控桥式整流电路

三、仿真

点击仿真运行键,观察电路运行情况,如图 7.2.3、图 7.2.4 所示。

四、测量与调整

使用电压表、示波器对电路关键节点测量、调整,使之符合真实状态。

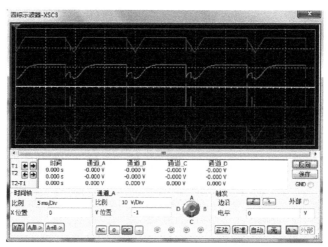

图 7.2.3　稳压管消波形成的矩形波、单结晶体管触发脉冲、三极管输出驱动波形

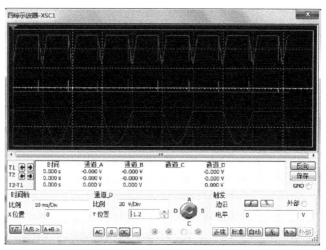

图 7.2.4　脉冲变压器输出、晶闸管触发、负载导通信号

任务实施

1. 实训目标
（1）对仿真软件熟练使用。
（2）能进行调光灯电路的仿真和测量。

2. 实训器材
安装有仿真软件的计算机每人一台。

3. 实训内容
按照前述知识准备中讲述的内容进行练习，绘制调光台灯电路。

任务评价

调光台灯仿真运行评价标准按表 7.2.1 进行。

项目七　调光台灯的装接与调试

表 7.2.1　调光台灯仿真运行评价表

班级		姓名		学号		组别			
项目	考核内容		配分/分		评分标准			自评	互评
调光台灯的仿真练习	元件库中正确调出元件		20		不能正确调出每个扣 5 分				
	元件参数的设置		20		不能正确设置元件参数每个扣 5 分				
	元件的连线		10		不能正确连接导线及测量仪表每处扣 5 分				
	仪表测量		40		不能正确选择仪表的每处扣 5 分 不能正确测量输出波形的每处扣 5 分				
	安全规范		10		工作服要穿戴整齐,操作工位卫生要良好 检查计算机鼠标键盘完好情况 检查计算机电源插头部位、连接情况 离开机位,检查关机、断电情况 没按照上述要求规范的适当扣分				
	合计		100						

学生交流改进总结:

教师总结及签名:

知识拓展

单结晶体管 BT33 仿真时符号 UJT ，管脚如图 7.2.5 所示。

图 7.2.5　单结晶体管 BT33 仿真时管脚

思考与练习

稳压管消波形成的矩形波、单结晶体管触发脉冲波形、三极管输出驱动波形三者之间有何区别?

任务三

搭建调光台灯电路

任务描述

认真分析电路功能，找出相应的290模块，根据电路信号走向布局，连接导线，搭建调光台灯电路。

任务分析

在了解了调光灯电路的原理基础上，将电路分成几个模块，整流稳压模块，稳压二极管模块，触发电路模块，脉冲变压器模块，电容器模块，晶闸管模块，利用这些模块搭建调光灯电路，并用仪表测试有关参数。为焊接装配电路打下基础。

知识准备

认识模块：在所有给定的290模块中选择出搭建调光台灯电路需要的模块，如图7.3.1所示。

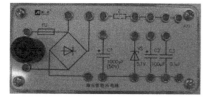   

(a) 整流稳压模块　　(b) 200Ω电阻模块　　(c) 1N4742 12V稳压二极管模块　　(d) 1000Ω电阻模块

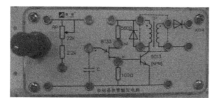  

(e) 单结晶体管触发电路模块　　(f) 0.047μF电容器模块　　(g) 脉冲变压器模块

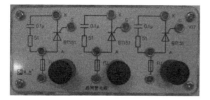  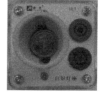

(h) 晶闸管BT151 2个模块　　(i) 整流二极管1N4007 2个模块　　(j) 白炽灯座(15W)模块

图7.3.1　调光台灯电路模块

根据电路功能和信号走向布局，如图7.3.2所示。

项目七 调光台灯的装接与调试

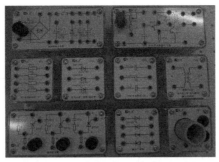

图 7.3.2 调光台灯电路模块布局

任务实施

1. 实训目的

（1）掌握单结晶体管触发电路的工作原理、接线和调试。
（2）能够使用 YL-290 模块搭建调光台灯电路。
（3）掌握单结晶体管触发电路各点电压波形的测定与分析。
（4）能够绘制测量波形；计算周期、频率。

2. 实训设备

（1）135 工作台、示波器、万用表。
（2）290 模块：R01（200Ω）、R04（1kΩ）、C03（0.1μF4742）、VS2（1N4742、12V）、T05（KMB-0021 脉冲变压器）、AX14（单结晶体管触发电路）、AX1（组合模块）。

3. 实训内容与实训步骤

（1）按图 7.2.2 单结晶体管触发电路接线、调试、测量波形并分析。搭建后的电路如图 7.3.3 所示。

图 7.3.3 单结晶体管触发电路的晶闸管半控桥式整流电路

（2）用 YL 数字示波器测量电路各关键点对地电压波形；测量脉冲变压器二次侧的电压波形。
（3）调节电位器，观察可控硅导通角变化。
（4）实训报告
① 画出单结晶体管触发电路图。
② 画出 $\alpha=\alpha_{\min}$、$\alpha=90°$、$\alpha=\alpha_{\max}$ 时电压的波形图。

任务评价

调光台灯电路的搭建评价按表 7.3.1 进行。

表 7.3.1 调光台灯电路的搭建评价表

班级		姓名		学号		组别		
项目	考核内容		配分/分		评分标准		自评	互评
调光电路的搭建	元器件模块的识别		15		不能正确识别的每个扣 2 分			
	元器件的插装		15		不能正确插装的每个扣 2 分			
	元器件的连线		20		不能正确连接导线的每处扣 5 分			
	仪表测量		40		不能正确使用仪表测量的扣 5 分 不能正确找到测量点的每处扣 5 分 测量结果不正确的每处扣 3 分			
	安全规范		10		工作服要穿戴整齐,操作工位卫生要良好。 没按照上述要求规范的适当扣分			
	合计		100					

学生交流改进总结:

教师总结及签名:

知识拓展

试搭建一个控制 100W 灯泡的调光电路。

思考与练习

1. 本课题搭建的调光台灯电路可以控制 15W 的灯泡,如果要给 100W 的灯泡调光,本电路是否能够实现?

2. 控制角 α 在不同数值时波形是否一样?输出的电压值是否一样?

任务四

设计调光台灯电路的 PCB 板

任务描述

使用制板软件 Protel Dxp 2004 设计调光台灯电路的 PCB 板。利用三维图观察布局情况。导出网络表。

任务分析

本次主要任务是按照调光台灯电路电气原理图和电子元件实际尺寸设计电子元件封装,画出调光台灯电路结构框图;并进一步完成调光台灯电路的印刷电路板的设计。

项目七　调光台灯的装接与调试

知识准备

一、绘制调光台灯电路的 PCB 板图

1. 创建一个 PCB 项目

Protel Dxp 2004→文件→创建→PCB 项目→PCB _ Project1. prjPCB。

2. 添加新文件到项目 PCB-Project1. prjPCB 中

在项目中分别添加原理图文件、PCB 文件、原理图库文件、PCB 库文件。

PCB-Project1. prjPCB→追加新文件到项目中→Schematic→Sheet1. SchDoc。

PCB-Project1. prjPCB→追加新文件到项目中→PCB→PCB1. PcbDoc。

PCB-Project1. prjPCB→追加新文件到项目中→Schematic library→Schlib1. Schlib。

PCB-Project1. prjPCB→追加新文件到项目中→PCB library→Pcblib1. Pcblib。

3. 统一文件名

Sheet1. SchDoc→保存→保存在 Examples→文件名→Sheet1→调光台灯→复制→保存→调光台灯 . SchDoc。

PCB1. PcbDoc→保存→保存在 Examples→文件名→PCB1→粘贴→调光台灯→保存→调光台灯 . PcbDoc。

Schlib1. Schlib→保存→保存在 Examples→文件名→Schlib1→粘贴→调光台灯→保存→调光台灯 . SchDoc。

Pcblib1. Pcblib→保存→保存在 Examples→文件名→Pcblib1→粘贴→调光台灯→保存→调光台灯 . PcbLib。

Project1. prjPCB→保存→保存在 Examples→文件名→Project1→粘贴→调光台灯→保存→调光台灯 . PcbLib. prjPCB。

4. 绘制原理图

（1）助听器电路 . SchDoc 界面→浏览元件库→Miscellaneous Devices. IntLib 库→RES→RES2→ ⊣Res2⊢ →TAB→R1→CTRL→连续放置多个电阻 R1～R7。

（2）CAP→CAP→ ⊣Cap⊢ →C1→放置电容 C1。

（3）RP→POT→ RPot →RP→放置电位器 RP。

（4）BT33→UJT→UJT-N→ UJT-N →放置单节晶体管 BT33。

（5）MCR100-6→SCR→ SCR →放置晶闸管 VT8、VT9。

（6）DIODE→diode 1N4007→ Diode 1N4007 →放置二极管 VD5、VD6。

（7）D Z→D Zener→ D Zener →放置稳压二极管 VDT。

(8) Miscellaneous Connectors.IntLib→HEAD→header2→ [Header 2] →放置两针接线端子。

(9) BR→BRIDGE1→ [Bridge] →放置整流桥。

(10) LAMP→ [Lamp] →放置小电珠。

(11) FUSE→FUSE2→ [Fuse2] →放置保险。

5. 合理布局连接导线
注意：用网络标签标识电源线和地线。

6. 把电气原理图转换成 PCB
单击设计→下拉→单击 Updata；把电气原理图转换成 PCB。

7. PCB 布局
在 PCB 界面删除网格，按照信号走向布局。

8. 布线
单击自动布线→全部对象→编辑规则→打开 PCB 规则和约束编辑器→routing layers→选择布线层底层布线 bottom layer；选择宽度规则 width→选择 30mil→单击确定开始布线。

9. 工具栏→设计规则检查

10. 定义 PCB 板尺寸
设计→PCB 板形状→重定义 PCB 板形状。

11. 覆铜
放置覆铜→选择覆铜模式→连接网络接地；分别选择顶层和底层覆铜；保存文件。

12. 三维 PCB 板
PCB 模式→查看→显示三维 PCB 板。

画出的电路板及三维 PCB 板如图 7.4.1 和图 7.4.2 所示。

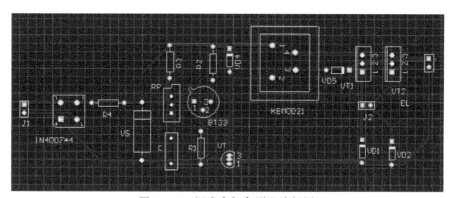

图 7.4.1 调光台灯印刷电路板图

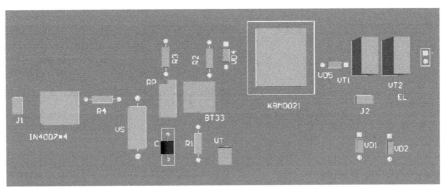

图 7.4.2　调光台灯 3D 图

二、导出网络表

在 Protel Dxp 2004 运行界面下，在原理图界面下点击设计→设计项目网络表→PROTEL。生成调光台灯网络表 7.4.1 和原理图 SCH 与 PCB 的接口表 7.4.2。

表 7.4.1　调光台灯网络表

元件标识符	元件封装名称	元件库参考	元件标识符	元件封装名称	元件库参考
BT33	CAN-3/Y1.4	UJT-N	C	RAD-0.3	Cap
EL	PIN2	Lamp	J1	HDR1×2	Header 2
KBM0021	PCBComponent_1	TP2;1	J2	HDR1×2	Header 2
1N4007×4	E-BIP-P4/D10	Bridge1	RP	VR5	RPot
R1	AXIAL-0.4	Res2	VD1	DIO10.46-5.3×2.8	1N4007
R2	AXIAL-0.4	Res2	VD2	DIO10.46-5.3×2.8	1N4007
R3	AXIAL-0.4	Res2	VS	DIODE-0.7	1N4742
R4	AXIAL-0.4	Res2	VT1	SFM-T3/E10.7V	BT151
VD4	DIO7.1-3.9×1.9	1N4148	VT2	SFM-T3/E10.7V	BT151
VD5	DIO7.1-3.9×1.9	1N4148	VT	BCY-W3/E4	9013

表 7.4.2　原理图 SCH 与 PCB 的接口

原理图 SCH 与 PCB 的接口	解释	原理图 SCH 与 PCB 的接口	解释
NetBT33_1 BT33-1 C-2 RP-2	网络端口 BT33-1 有 2 个元件和它相连	NetBT33_3 BT33-3 R2-1	网络端口 BT33-3 和 R2-1 相连
NetBT33_2 BT33-2 R1-2 VT-2	网络端口 BT33-2 有 2 个元件和它相连	NetEL_1 EL-1 KBM0021-4 VT1-3 VT2-3	网络端口 EL-1 有 3 个元件和它相连
NetKBM0021_2 KBM0021-2 VD4-1 VT-3	网络端口 KBM0021-2 和 VT-3 相连	NetKBM0021_1 KBM0021-1 R2-2 R3-2 R4-1 VD4-2 VS-2	网络端口 KBM0021-1 有 5 个元件和它相连
NetKBM0021_3 KBM0021-3 VD5-1	网络端口 KBM0021-3 和 VD5-1 相连	GND 1N4007*4-1 C-1 EL-2 R1-1 VD1-1 VD2-1 VS-1 VT-1	网络端口 GND 有 9 个元件和它相连

续表

原理图 SCH 与 PCB 的接口	解释	原理图 SCH 与 PCB 的接口	解释
NetR3_1 R3-1 RP-1 RP-3	网络端口 R3-1 有 2 个元件和它相连	24V AC2 J2-2 VD2-2 VT2-1	网络端口 J2-2 有 2 个元件和它相连
NetVD5_2 VD5-2 VT1-2 VT2-2	网络端口 VD5-2 有 2 个元件和它相连	24V AC1 J2-1 VD1-2 VT1-1	网络端口 J2-1 有 2 个元件和它相连
NetR7_1 R7-1 V8-2	网络端口 R7-1 有 2 个元件和它相连	Net1N4007*4_4 1N4007*4-4 J1-1	1N4007*4 的 4 号管脚和 J1-1 相连
Net1N4007*4_2 1N4007*4-2 J1-2	网络端口 1N4007*4 和 J1-2 相连	Net1N4007*4_3 1N4007*4-3 R4-2	1N4007*4 的 3 脚和 R4 的 2 脚相连

任务实施

1. 实训目标

（1）能够使用 Protel Dxp 2004 基本使用方法设计调光台灯电路 PCB 板。

（2）会编写调光台灯电路元器件明细表。

（3）能够描述调光台灯电路的结构框图。

2. 实训器材

安装有 Protel Dxp 2004 软件的计算机每人一台。

3. 实训内容

设计调光台灯电路的印刷线路板。

任务评价

调光台灯电路的 PCB 板设计评价标准按表 7.4.3 进行。

表 7.4.3 调光台灯的 PCB 板制作评价表

班级		姓名		学号		组别		
项目	考核内容		配分/分	评分标准			自评	互评
调光灯电路的 PCB 板设计	Protel Dxp2004 软件的使用		10	不会正确使用软件的扣 10 分				
	调光灯电路的 PCB 制作		50	没按照要求制作的或制作没成功的扣 50 分				
	生成网络表		30	不能生成网络表的扣 30 分				
安全规范			10	工作服要穿戴整齐，操作工位卫生要良好 没按照上述要求规范的适当扣分				
合计			100					

学生交流改进总结：

教师总结及签名：

知识拓展

利用自己设计的调光台灯电路的 PCB 图，使用制板设备亲自制作一块覆铜板。

思考与练习

如何在 PCB 板上覆铜？覆铜的步骤是什么？

任务五 调光台灯电路的装接与调试

任务描述

在万能试验板上，利用实际元器件按照焊接工艺要求装配焊接调光台灯电路，用仪表测量有关参数，并进行调试。

任务分析

在前述了解掌握了调光灯电路的原理基础上，经过了仿真练习和搭建测量的练习，会利用元器件构建一个实际调光灯电路，本任务的目的就是调光灯的装配、焊接和测量。

知识准备

利用电脑软件生成元件明细表。在 Protel Dxp 2004 原理图模式下，点击"报告"→点击"simple BOM"→导出元件明细表。

调光台灯.项目→generated→调光台灯.BOM。调光台灯电路原理图如图 7.5.1 所示。

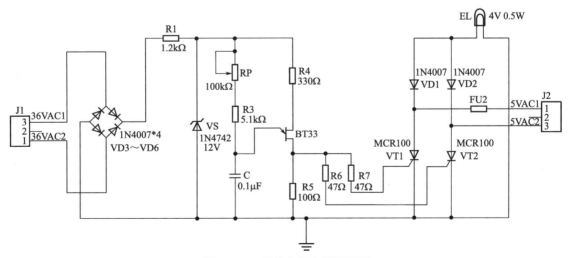

图 7.5.1　调光台灯电路原理图

Bill of Material for 调光台灯 . PRJPCB

On 2016/1/8 at 5:43:31

Comment	元件	Pattern 封装	Quantity 数量	Components 详单	原文注解
1N4007	二极管	DIO10.46-5.3×2.8	2	VD1, VD2	1 Amp Fast Recovery Rectifier
1N4742 12V	稳压管	DIODE-0.7	1	VS	Zener Diode
4V 0.5W	小电珠	PIN2	1	EL	Incandescent Bulb
Cap	电容器	RAD-0.3	1	C	Capacitor
Fuse 1	保险	PIN-W2/E2.8	1	FU2	Fuse
Header 3	接线柱	HDR1×3	2	J1, J2	Header, 3-Pin
MCR100-5	晶闸管	SFM-T3/E10.7V	2	VT1, VT2	Silicon Controlled Rectifier
Res2	电阻	AXIAL-0.4	6	R1, R3, R4, R5, R6, R7	Resistor
RPot	电位器	VR5	1	RP	Potentiometer
RPot	电位器	VR5	1	RP	Potentiometer
UJT-N	单结晶体管	CAN-3/Y1.4	1	BT33	Unijunction Transistor with N-Type Base
VD3~VD6	整流桥	E-BIP-P4/D10	1	1N4007*4	Full Wave Diode Bridge

整理成中文模式如表 7.5.1 所示。

表 7.5.1 调光台灯电路的元件明细表

序号	符号	名称(标识符)	型号与规格	数量	封装	元件库
1	VD3~VD6	Bridge1 整流桥	1N4007	4	E-BIP-P4/D10	Miscellaneous Devices. IntLib Bridge1
2	VD1~VD2	二极管 Diode 1N4934	1N4007	2	DIO7.1-3.9×1.9	Miscellaneous Devices. IntLib Diode 1N4934
3	VT1~VT2	晶闸管 SCR	MCR100-6	2	SFM-T3/E10.7V	Miscellaneous Devices. IntLib SCR
4	V	单结晶体管 UJT-N	BT33	1	CAN-3/Y1.4	Miscellaneous Devices. IntLib UJT-N
5	VS	稳压管 Zener Diode	IN4742 7V 12V	1	DIODE-0.7	Miscellaneous Devices. IntLib D Zener
6	C	电容器 Cap	0.1μF/50V	1	RAD-0.3	Miscellaneous Devices. IntLib Cap
7	R1	电阻 Res2	1.2kΩ/1W	1	AXIAL-0.4	Miscellaneous Devices. IntLib Res2
8	RP	电位器 RPot	100kΩ/1W	1	VR5	Miscellaneous Devices. IntLib RPot
9	R3	电阻 Res2	5.1kΩ	1	AXIAL-0.4	Miscellaneous Devices. IntLib Res2

续表

序号	符号	名称(标识符)	型号与规格	数量	封装	元件库
10	R4	电阻 Res2	330Ω	1	AXIAL-0.4	Miscellaneous Devices.IntLib Res2
11	R5	电阻 Res2	100Ω	1	AXIAL-0.4	Miscellaneous Devices.IntLib Res2
12	R6、R7	电阻 Res2	47Ω	2	AXIAL-0.4	Miscellaneous Devices.IntLib Res2
13	FU1	熔断器	B×0.2A	1		
14	FU2	熔断器	B×0.5A	1		
15	EL	灯泡 lamp	4V、0.5W	1	PIN2	Miscellaneous Devices.IntLib Lamp
16	J1	接插件 Header 3,3-Pin	36V、AC	1	HDR1X3	Miscellaneous Connectors.IntLib Header 3
17	J2	接插件 Header3,3-Pin	5V、AC	1	HDR1X3	Miscellaneous Connectors.IntLib Header 3

任务实施

1. 实训目标

(1) 理解单结晶体管触发电路的工作原理。

(2) 理解晶闸管半控桥式整流电路的工作原理。

(3) 掌握调光台灯焊接和调试技能。

(4) 能够编写调光台灯电路元件明细表。

2. 实习工具及器材

工具及仪表：电烙铁、镊子、斜口钳、万用表、示波器。

器材：135 工作台。万能板、电阻、电容、整流二极管、稳压二极管、电位器、可控硅、单结晶体管、小灯泡、焊接导线、焊锡丝。

3. 实训内容

(1) 装配和焊接

① 按照给定的元件明细表清点元器件，并且检查元器件。

② 清除元器件的引脚处的氧化层，并进行搪锡处理。

③ 在万能试验板上插装元件，依据电路信号走向布局。

④ 二极管、电阻采用卧式安装、贴板焊接，电位器、电容器、小电珠采用立式安装，

单结晶体管、晶闸管分清管脚方向，依据电路功能造型安装。

⑤ 由于全部是分立元件，所以整体安装方式采用 THT 安装方式。

⑥ 由于本次万能板采用 5 孔板、2 横 1 纵（2 条）公共线；所以，布局时应充分考虑板孔特点，2 条公共线 1 条做电源线，另一条做地线；5 孔相连做 2 或 3 个元件交汇时使用。

（2）自检　焊接完成以后应该使用万用表欧姆挡仔细检查电路连接是否与电路图相符。当确定完全相符后，方能通电调试。

（3）通电测试　通电测试时，一定要小心、谨慎。

首先，仔细清理操作台，把可能引起短路事故的管脚、导线等清理干净。通电前最后一次用万用表测量电路输入端和输出端，看是否短路（电阻为零）。观察亚龙 135 操作台电源等级是否和电路要求相符。

插上电源线以后观察：正负极两条线裸露的地方是否可能引起短路；2 条线最好处理成不一样长，以减少短路机会；必要时用黑胶带恢复绝缘。

（4）测量　首先使用万用表测量电路电压。电压正常以后再用示波器测量波形。示波器测量时，探头应注意不要引起短路。探头线应保持自然弯曲，不可以折损。因为折损后的探头线会引起波形失真。接触不良严重时无法使用。

任务评价

调光台灯电路的装配和焊接评价标准按表 7.5.2 进行。

表 7.5.2　调光台灯电路的装配和焊接评价标准表

班级		姓名		学号		组别	
项目	考核内容		配分/分	评分标准		自评	互评
调光台灯电路装配、焊接、和测量	调光台灯电路的装接		20	元件选择错误的每个扣 2 分 不能正确检测元件的每个扣 2 分 元件未处理的每个扣 2 分 元器件安装不正确的每个扣 2 分			
调光台灯电路装配、焊接、和测量	调光台灯电路的焊接		40	没有按照焊接工艺正确操作的扣 5 分 出现虚焊、漏焊的，焊接不牢的每个焊点扣 1 分 焊点不光滑，有毛刺的，元件管脚过长的，导线剥线过长的等适当扣分			
调光台灯电路装配、焊接、和测量	调光台灯电路的测量		30	万用表测量点不正确的每处扣 2 分 不能正确读数的扣 2 分 示波器使用不正确扣 5 分 绘制波形不正确的每个扣 5 分			
	安全规范		10	工作服要穿戴整齐，操作工位卫生要良好。做不到或不到位的扣 5 分 违反操作规范的扣 5 分			
	合计		100				

学生交流改进总结：

教师总结及签名：

知识拓展

焊接装配使用晶闸管时 MC100-6 额定电流小，带负载能力差。带大一点的灯泡会炸损。如果要带大灯泡应换额定电流大的晶闸管。

思考与练习

1. 本次焊接装配采用的是 5 孔板，布局时应如何考虑？
2. 用示波器测量时，应注意哪些问题？

项目八

声光控楼道灯的装接与调试

知识目标

（1）理解声光控制节能灯电路的工作原理。
（2）熟悉与非门输入端的信号控制作用。
（3）熟悉声光控制及延时控制基本原理。
（4）掌握声光控制作用及其调试方法。

技能目标

（1）会编写声光控制节能灯电路元器件明细表。
（2）能够实现声光控制节能灯电路仿真调试。
（3）能够搭建声光控制节能灯电路。
（4）能够设计声光控制节能灯电路的PCB板。
（5）能够安装调试声光控制节能灯电路。

项目概述

本任务是声光控制节能灯电路的安装。该电路是利用声波为控制源的新型智能开关，它避免了繁琐的人工开灯，同时具有自动延时熄灭的功能，更加节能，且无机械触点、无火花、寿命长，广泛应用于各种建筑的楼道、洗手间等公共场所。

任务一

声光控节能灯电路的工作原理

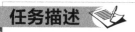

要实现声光控电路的安装和调试就必须了解其工作原理。声光控节能灯电路是由音频放大

电路、电平比较电路、延时开启电路、触发控制电路、电源电路和晶闸管主回路构成。

任务分析

声光控楼道灯电路的结构框图如图8.1.1所示。

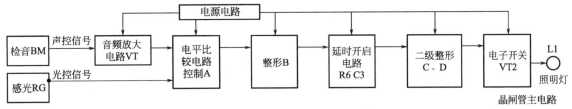

图8.1.1 声光控楼道灯电路的结构框图

本节从数字电路入手，学习门电路的基本逻辑关系；在掌握与非门逻辑关系的基础上分析声光控制楼道节能灯电路；声光控电路是以4个2输入与非门电路组成的集成电路CD4011为核心，辅以光敏电阻感知白天、夜晚，麦克感知人靠近，加上电容耦合，三极管放大，与非门整形，电容充放电实现延时，晶闸管触发导通实现楼道灯延时控制。

知识准备

一、数字电路基础知识

门电路是按照一定条件"开"或"关"的电路，当条件满足时，门电路的输入信号就可以通过"门"而输出，否则就不能通过"门"。因此门电路的输入信号与输出信号之间存在一定的因果关系，即逻辑关系，所以门电路又称逻辑门电路。

在逻辑关系中，通常用到两种相反的工作关系，如开关的通断，电灯的亮灭，电压的高低等，这些对立的状态常用"1"和"0"来表示。"1"和"0"没有数值大小的概念，只表示事物对立的两种状态。用"1"表示高电平，"0"表示低电平，这称为正逻辑体制，反之为负逻辑体制。

1. 基本逻辑关系

（1）与逻辑关系　当决定某一事物的所有条件全部具备的时候，结果才会发生，这样的逻辑关系称为"与"逻辑。如果用 A、B 表示逻辑条件（又称逻辑变量），Y 表示逻辑结果，把两者之间的关系用表达式表示为

$$Y = A \cdot B$$

式中，"·"读作"与"，也可写作 $Y=AB$。上式读作 Y 等于 A 与 B，逻辑与又称为逻辑乘。

（2）或逻辑关系　当决定某一事物的所有条件中有一个或一个以上的条件具备的时候，结果才会发生，这样的逻辑关系称为"或"逻辑。这种逻辑关系也可用表达式表示为

$$Y = A + B$$

式中，"+"读作"或"。上式读作 Y 等于 A 或 B，逻辑或又称为逻辑加。

（3）非逻辑关系　当决定某一事物的条件不具备的时候，结果才会发生，这样的逻辑关系称为"非"逻辑。这种逻辑关系的表达式为

$$Y = \overline{A}$$

式中，"—"读作"非"或"反"。$\overline{A}$ 读作 A 非或 A 反。

2. 基本门电路

能够实现上述三种逻辑关系的电路称作门电路，门电路主要有分立元件电路和集成电路两大类，分立元件电路是学习门电路的基础，主要利用半导体元件二极管和三极管来组成。

（1）与门电路　实现与逻辑关系的电路叫与门电路。二极管具有导通和截止两种状态，常为开关使用，利用其开关特性可构成与门。由二极管构成的与门电路如图 8.1.2 所示。

该电路有两个输入端 A、B，一个输出端 Y。设"0"表示低电平（小于 0.35V），"1"表示高电平（大于 2.4V）。当两个输入端都为 0V 时，两个二极管都导通，输出 0.7V；当输入端一个为 0V，另一个为 3V 时，一个二极管导通，一个二极管截止，输出为 0.7V；当输入全为 3V 时，两个二极管导通，输出 3.7V。

只有当输入全是高电平时输出才是高电平，否则为低电平。其逻辑功能可以总结为"全 1 出 1，有 0 出 0"。与门的逻辑符号如图 8.1.3 所示。

（2）或门电路　实现或逻辑关系的电路叫或门电路。由二极管组成的或门电路如图 8.1.4 所示。

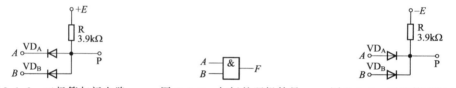

图 8.1.2　二极管与门电路　　图 8.1.3　与门的逻辑符号　　图 8.1.4　二极管或门电路

当两个输入端都为 0V 时，两个二极管都导通，输出 −0.7V；当输入端一个为 0V，另一个为 3V 时，一个二极管导通，一个二极管截止，输出为 2.3V；当输入全为 3V 时，两个二极管导通，输出 2.3V。

只要输入中有一个是高电平时输出就为高电平，否则为低电平。其逻辑功能可以总结为"全 0 出 0，有 1 出 1"。或门的逻辑符号如图 8.1.5 所示。

（3）非门电路　实现非逻辑关系的电路叫非门电路。由三极管组成的非门电路如图 8.1.6 所示。

三极管工作在饱和和截止状态。当输入为低电平时，三极管截止，输出 5V，为高电平；输入为高电平时，三极管饱和，输出 0.2V，为低电平。这个电路实现非逻辑关系，当输入为低电平时输出为高电平，否则为低电平。其逻辑功能可以总结为"有 0 出 1，有 1 出 0"。非门的逻辑符号如图 8.1.7 所示。

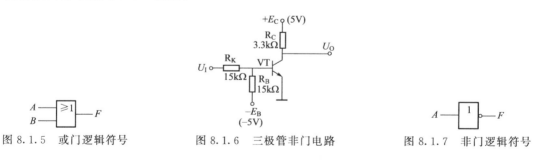

图 8.1.5　或门逻辑符号　　图 8.1.6　三极管非门电路　　图 8.1.7　非门逻辑符号

3. 复合门电路

复合门电路常用的有与非门和或非门电路。

与非门的逻辑功能是"有 0 得 1,全 1 得 0",其逻辑符号如图 8.1.8 所示。
或非门的逻辑功能是"有 1 得 0,全 0 得 1",其逻辑符号如图 8.1.9 所示。

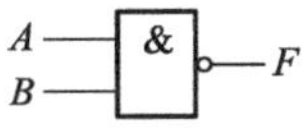

图 8.1.8　与非门逻辑符号 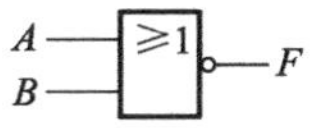　　　　图 8.1.9　或非门逻辑符号

各种基本逻辑门电路的逻辑关系如表 8.1.1 所示。

表 8.1.1　基本逻辑门电路关系

名称	逻辑门符号	逻辑表达式	逻辑关系
与门	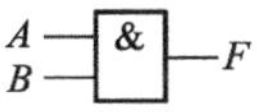	$F=AB$	有 0 得 0,全 1 得 1
或门	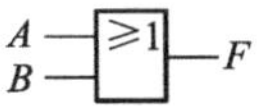	$F=A+B$	有 1 得 1,全 0 得 0
非门	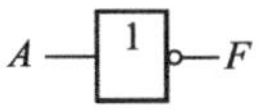	$F=\overline{A}$	有 0 得 1,有 1 得 0
与非门	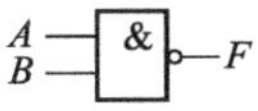	$F=\overline{AB}$	有 0 得 1,全 1 得 0
或非门	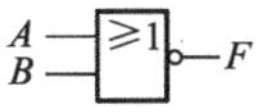	$F=\overline{A+B}$	有 1 得 0,全 0 得 1

二、声光控楼道灯电路分析

声光控楼道灯电路如图 8.1.10 所示,其中,CD4011 为 4 个 2 输入与非门电路,其功能为有 0 出 1,全 1 出 0。在 VT1 导通前,交流电源 24V 经桥式全波整流和 VD6、电容 C1 滤波获得直流电压 $1.2×24V=28.2V$,经限流电阻 R1,使 VS 稳压二极管有 $U_Z=+6.2V$,稳定电压供给电路(灯亮时 U_Z 有所降低),而灯 L 串于整流电路中。

白天时,光敏电阻 RG 阻值较小,与非门 A 的 u_1 输入为低电平 0 态,A 门被封,即不管 u_2 为何状态,A 总是出 1,B 出 0,$u_C=0$,C 出 1,D 出 0,单向晶闸管 VT2 不导通。

在晚上时,RG 阻值增大,u_1 为高电平 1 态,A 门打开,u_2 信号可传送。若无脚步或掌声,驻极体电容式传声器 BM 无动态信号。偏置电阻(RP2+R4)使 NPN 三极管 VT1 导通,u_2 为低电平 0 态,则 A 出 1,其余状态与上述相同,晶闸管 VT2 控制极 g 无触发信号,故不导通,灯不亮。

晚上当有脚步声时,驻极体电容式传声器 BM 有动态波动信号输入到放大电路中 VT1 的基极,由于电容 C2 的隔直通交作用,加在基极信号相对静态 U_B 有正、负波动信号,使集电极输出 u_2 有高电平动态信号为 1,因此使 A 全 1 出 0 为负脉冲,而 B 出 1 为正脉冲,二极管 VD5 导通对 C3 充电达 5V,u_C 也为 1,C 出 0,D 出 1 为高电平,经 R7 限流,在单向晶闸管 VT2 控制极 g 有触发信号使 VT2 导通,全波整流电路中串联的灯 L 经晶闸管 VT2 导通,灯 L 点亮。由于晶闸管导通后的 u_{ak} 正向压降会降至约 1.8V,因此 VD6 用来防止 U_Z 电压下降,避免影响控制电路电源。在脚步声消失后,由于电容 u_C 经 R6 放电过程仍为 1 态,故灯 L 仍亮,直到 u_C 小于与非门阈值电压 $U_{TH}=\frac{1}{2}V_{CC}$ 时,C 出 1,D 出 0,当 u_{ak} 过零电压时,晶闸管 VT2 截止约 30s 后,灯 L 熄灭。

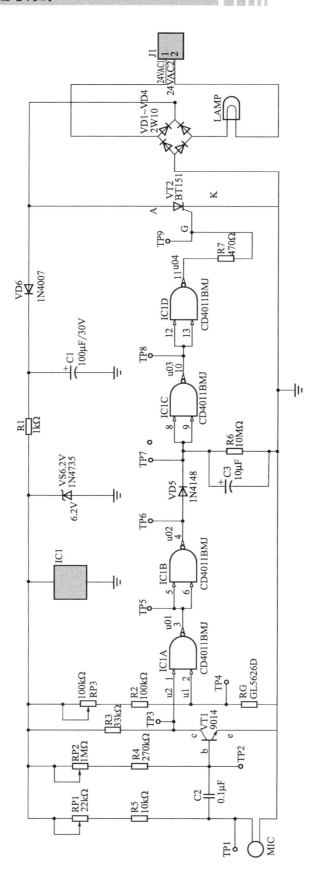

图8.1.10 声光控楼道灯原理图

CD4011 的引脚图如图 8.1.11 所示。

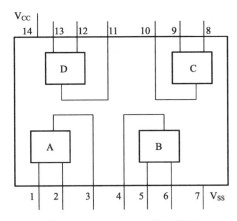

图 8.1.11　CD4011 的引脚图

任务实施

1. 实训目标

（1）熟悉与非门输入端的信号控制作用。
（2）熟悉声光控及延时控制基本原理。
（3）理解声光控制节能灯电路的工作原理。

2. 实训器材

每人一份电路原理图。

3. 实训内容

按照电路原理图将元件标称、名称、规格填入表格 8.1.2 中。

表 8.1.2　声光控楼道灯的元件名称规格表

序号	标称	名称	规格	序号	标称	名称	规格

任务评价

声光控楼道灯的原理分析评价按表 8.1.3 进行。

表 8.1.3 声光控楼道灯的评价表

班级		姓名		学号		组别	
项目	考核内容	配分/分	评分标准			自评	互评
电路原理分析及元器件明细表填写	元件的识别	30	不能正确识别每个扣 10 分				
	明细表的填写	70	不能正确填写,每填错一个元件扣 3 分				
	合计	100					

学生交流改进总结:

教师总结及签名:

知识拓展

一、数制与码制

1. 数制

数制是进位计数的方法。日常生活中,有许多计数方法,如平时计数用得最多的十进制、时钟计时用的十二进制(或二十四进制)、计算机电路中的二进制等。

(1) 十进制 十进制有 0、1、2、3、4、5、6、7、8、9 十个数字符号。十进制的基数是 10,十进制的数的权为以 10 为底的幂,幂的大小由所在位置决定的。其计数的规律是逢十进一。

(2) 二进制 二进制数码有两个 0 和 1。计数的基数为 2,二进制的权是以 2 为底的幂,幂的大小也是由其位置决定的。其计数规律是逢二进一。

(3) 两种数制间的转换 二进制转换为十进制的方法是乘权相加,即将二进制数按权展开相加,其结果就是对应的十进制数。

十进制转换为二进制的方法是除 2 取余倒写,即不断用 2 去除某十进制数,并依次记下余数,直到商为 0 为止,然后将每次整除得到的余数进行倒排列,最先得到的余数为最低位,最后得到的余数为最高位。

2. 码制

在数字电子计算机中,各种数据都要转换为二进制代码才能进行处理。而人们日常生活中习惯使用十进制数,因此产生了用四位二进制数代码来表示一位十进制数的方法,这样得到的四位二进制代码称为二-十进制代码,简称 BCD 码。

8421BCD 码是一种有权码,即从高位到低位的各位二进制数码的权分别为 8、4、2、1。十进制数十个代码的 BCD 码见表 8.1.4。

表 8.1.4 8421BCD 码及其所代表的十进制数

十进制数	8421BCD 码	十进制数	8421BCD 码
0	0000	5	0101
1	0001	6	0110
2	0010	7	0111
3	0011	8	1000
4	0100	9	1001

二、逻辑代数

逻辑代数又称布尔代数或者开关代数，是研究逻辑电路的数学工具。它与普通代数类似，只不过逻辑代数的变量只有两种取值"0"和"1"。这里的"0"和"1"仅代表两种相反的逻辑状态，并没有数量大小的含义。因此逻辑代数的运算规律与普通代数有差别。

逻辑代数的基本公式和基本定律见表 8.1.5。

表 8.1.5 逻辑代数的基本公式和基本定律

公式或定律		或运算	与运算
基本公式		$A+0=A$	$A \cdot 0=0$
		$A+1=1$	$A \cdot 1=A$
		$A+A=A$	$A \cdot A=A$
		$A+\overline{A}=1$	$A \cdot \overline{A}=0$
		$\overline{\overline{A}}=A$	
基本定律	交换律	$A+B=B+A$	$A \cdot B=B \cdot A$
	结合律	$A+B+C=(A+B)+C=A+(B+C)$	$A \cdot B \cdot C=(A \cdot B) \cdot C=A \cdot (B \cdot C)$
	分配律	$A+BC=(A+B)(A+C)$	$A \cdot (B+C)=A \cdot B+A \cdot C$
	反演律（摩根定律）	$\overline{A+B}=\overline{A} \cdot \overline{B}$	$\overline{A \cdot B}=\overline{A}+\overline{B}$
	吸收律	$A+A \cdot B=A$	
		$A+\overline{A}B=A+B$	
	冗余律	$AB+\overline{A}C+BC=AB+\overline{A}C$	

逻辑代数的化简，一般是要求得到某个逻辑函数的最简"与-或"表达式，即符合"乘积项的项数最少，每个乘积项中包含的变量个数最少"这两个条件。常用的化简方法有公式法（代数法）和卡诺图法。

公式法化简常用的方法有

(1) 并项法。利用 $A+\overline{A}=1$ 的关系，将两项合并为一项。

(2) 吸收法。利用 $A+AB=A$ 消去多余项。

(3) 消去法。利用 $A+\overline{A}B=A+B$ 消去多余因子。

(4) 配项法。利用 $A+\overline{A}=1$ 可在函数某一项中乘以 $A+\overline{A}$，展开后消去更多的项。

思考与练习

1. 三种基本逻辑关系是什么逻辑关系？其逻辑特点是什么？
2. 常用的数制有几种？它们之间如何转换？
3. 逻辑代数的化简和普通代数的化简有什么不一样？

任务二

声光控延时楼道灯控制电路仿真

任务描述

使用电子仿真软件 Multisim11.0 完成声光控延时楼道灯控制电路的仿真运行。

任务分析

在 Multisim11.0 电子仿真软件中合理选择元器件,对声光控延时楼道灯控制电路的内容进行仿真,利用软件提供的虚拟电压表测量电路各关键点的电压值;利用虚拟示波器测量电路各关键点的电压波形;利用所掌握的理论知识分析各电子元件在电路中所起的作用调试其功能。

知识准备

一、仿真的实现

(1) 在计算机桌面上双击图标 [Multisim 11.0],或在开始菜单中的所有程序中点击 Multisim11.0,即可运行 Multisim11.0。

(2) 从仿真元件库中调出元件,根据电气原理图按照电路信号走向,在工作界面摆放元件布局。

(3) 连接导线。

(4) 双击元件、修改元件参数。

(5) 放置电源和地。

(6) 点击仿真运行按钮。

(7) 安装万用表、示波器测量电压、波形。

(8) 如果电路较大,可以按照功能分区,把电路分解成一个一个包含特定功能的小电路分别实现仿真。

(9) 再把已经仿真成功的小电路组合成一个大的完整的电路,从而实现从简入手。

二、仿真元件的调出

1. 交流电源

Sources 库→POWER_SOURCES→AC_POWER;需要双击修改参数 120~220V,60~50Hz。

2. 变压器

Basic 库→non_linear_transfor→nlt_pq_4_12。

3. 整流桥

Diode 库→Fwb_1b4b42。

4. 稳压二极管

Diode 库→zener_1N4735A。

5. 电位器

Basic 库→potentiometer。

6. 电容器

Basic 库→capacitor。

7. 电阻器

Basic 库→Resistor。

8. 二极管

Diode 库→diode _ 1N4007。

9. 开关管

Diode 库→diode _ 1N4148。

10. 可控硅

Diode 库→SCR _ 2N1595。

11. 灯

INdicators 库→VIRTUAL _ lamp _ virtual。

12. 仿真中没有 MIC，用信号发生器替代

13. 电平指示灯亮/灭表示电平高低

三、声光控节能灯电路的仿真

1. 光控电路仿真

图 8.2.1 和图 8.2.2 为光控部分。

结论：

（1）光敏电阻由于白天电阻小、晚上电阻大，所以，仿真时白天切换到 5kΩ 的电阻，晚上切换到 5MΩ 的电阻上；

（2）当白天时，5V 经 Rb/(RP3＋R2＋Rb) 起分压作用；Rb 上输出低电平 "0"，X9 不亮；此时 CD4011 被封锁，声控电路不起作用。

当晚上时，5V 经 Rw/(RP1＋R2＋Rw) 分压，Rw 上输出高电平 "1"，X9 亮；此时 CD4011 解锁，声控电路开始起作用。

2. 声控电路仿真

图 8.2.3 为声控电路仿真。

结论：

（1）使用函数信号发生器产生音频信号（图 8.2.4），同时可使用频率计检测函数信号发生器是否产生音频信号，频率计设置界面如图 8.2.5 所示，加到仿真电路中模拟人类发出的声音；

（2）信号发生器输出正弦波经过电容器耦合，三极管反相放大以后输出到下一级。

声控电路功能分析：

人说话声音频率一般在 300～700Hz 之间，仿真时用虚拟函数信号发生器产生 500Hz 音频信号，模拟人声频率；在晚上，光敏电阻值增大，CD4011 与非门开启。

当无声音时：偏置电阻（RP2＋R4）使三极管 VT1 导通，声控电路输出低电平；u_2 为低电平 "0" 态；u_{01} 为高，u_{02} 为低，二极管 VD1 不导通（截止）。

u_c 为低，u_{03} 为高，u_{04} 为低，晶闸管因无触发电压而不导通；灯因无法形成回路不亮。

电子产品的装配与调试

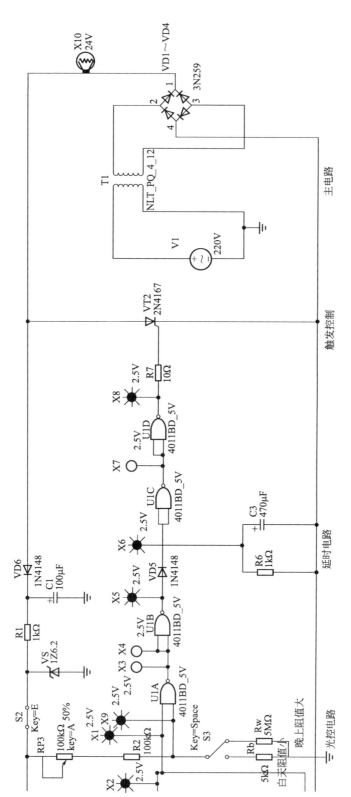

图 8.2.1 晚上与非门开启声控信号可以通过

项目八 声光控楼道灯的装接与调试

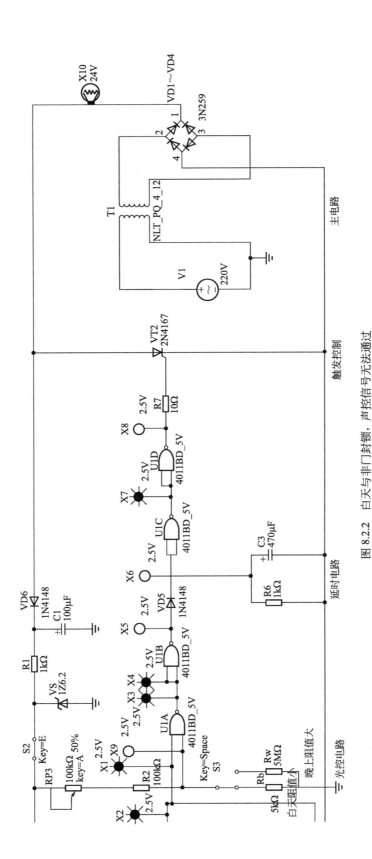

图 8.2.2 白天与非门封锁，声控信号无法通过

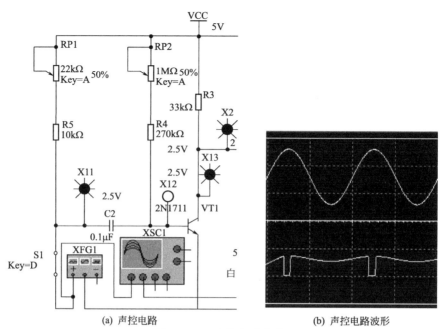

(a) 声控电路　　　　　　　　　(b) 声控电路波形

图 8.2.3　声控电路仿真

图 8.2.4　函数信号发生器产生音频信号

图 8.2.5　频率计测量音频频率

当有声音时：传声器的动态信号经电容耦合和三极管反相放大作用，在三极管集电极上产生高电平动态信号"1"，经 CD4011 与非门变化，最终在晶闸管控制极上产生触发信号，晶闸管 VT2 导通；形成闭合回路，灯上有电流流过发光。

（3）图 8.2.6 为电源电路，包括整流、滤波、稳压电路。

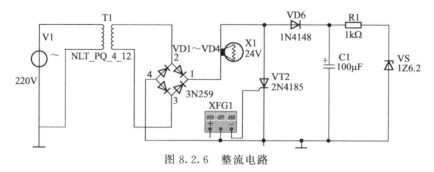

图 8.2.6　整流电路

（4）声光控制楼道灯控制电路仿真电路图如图 8.2.7 所示。

声光控制楼道灯延时控制完整电路图如图 8.2.8 所示。

项目八 声光控楼道灯的装接与调试

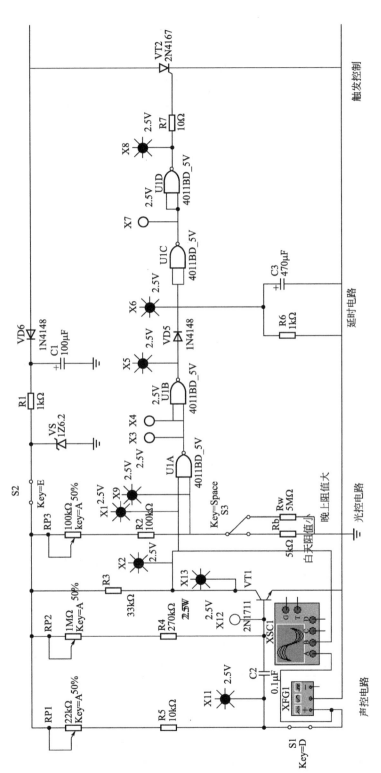

图 8.2.7 声光控楼道灯控制电路仿真电路图

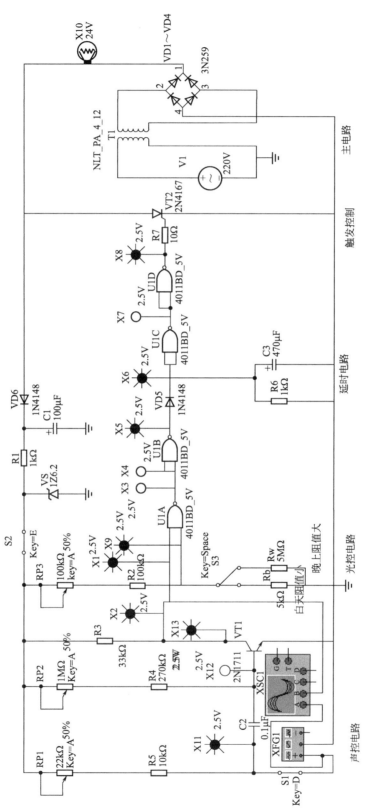

图 8.2.8 声光控制楼道灯延时控制完整电路图

任务实施

1. 实训目标
（1）仿真软件的熟练使用。
（2）声光控制灯的电路仿真和测量。

2. 实训器材
安装有仿真软件的计算机每人一台。

3. 实训内容
按照知识准备中讲述的内容对电路各个部分分别进行仿真运行。

任务评价

声光控楼道灯仿真练习评价标准按表 8.2.1 进行。

表 8.2.1 声光控楼道灯仿真练习评价表

班级		姓名		学号		组别		
项目	考核内容		配分/分		评分标准		自评	互评
声光控电路的仿真练习	元件库中正确调出元件		20		不能正确调出每个扣 5 分			
	元件参数的设置		20		不能正确设置元件参数每个扣 5 分			
	元件的连线		10		不能正确连接导线及测量仪表每处扣 5 分			
	仪表测量		40		不能正确选择仪表的每处扣 5 分 不能正确测量输出波形的每处扣 5 分			
	安全规范		10		工作服要穿戴整齐，操作工位卫生要良好 检查计算机鼠标键盘完好情况 检查计算机电源插头部位、连接情况 离开机位，检查关机、断电情况 没按照上述要求规范的适当扣分			
	合计		100					

学生交流改进总结：

教师总结及签名：

知识拓展

（1）使用光敏电阻做实验：有光照射到光敏电阻上时，用万用表测量光敏电阻阻值。因为光敏电阻在白天，光的敏感特性——阻值小，只有 5kΩ。测量是否是 5kΩ。

（2）使用电烙铁给热塑管加热，使一头黏合。把加工好的热塑管套在光敏电阻上，使其折光。测量光敏电阻的阻值。因为光敏电阻在夜晚、无光情况下阻值增大——5MΩ。测量是否是5MΩ。

思考与练习

1. 为何在仿真练习时将整个电路分成几个部分分别仿真？这样做有什么好处？
2. 光控电路中是如何模拟白天和晚上两种情况的？

任务三　搭建声光控延时楼道灯控制电路

任务描述

使用YL290单元电子电路模块，根据给出的声光控延时楼道灯控制电路原理图（图8.3.1），在YL290中正确选择单元电子电路模块，搭建声光控延时楼道灯控制电路。

任务分析

声光控延时楼道灯控制电路可以分为光控电路、声控电路、延时电路、触发控制电路和主回路。认真分析电路（图8.1.10）功能，按功能找出相应模块，按照电路信号走向布局，连接导线。

知识准备

1. 搭建电路

根据电路原理图找出相应的模块。分别搭建主电路、电源电路、声控电路、光控电路、延时电路、触发控制。

在给定的YL290模块中选择出搭建需要的模块，如图8.3.1、图8.3.2所示。

图8.3.1　晶闸管插座

图8.3.2　发光二极管驱动

搭建分电路如图8.3.3～图8.3.17所示。

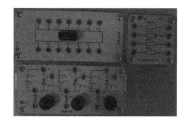

图8.3.3　晶闸管触发电路

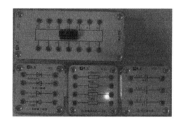

图8.3.4　延时电路布局

项目八 声光控楼道灯的装接与调试

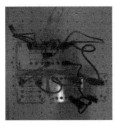 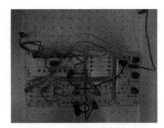 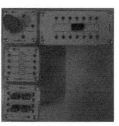

图 8.3.5　延时电路接线情况　　图 8.3.6　触发和延时控制电路接线情况　　图 8.3.7　搭建光控电路布局

  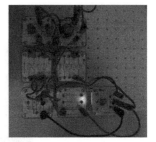

图 8.3.8　光控电路接线情况　　图 8.3.9　搭建声控电路布局　　图 8.3.10　声控电路接线情况

图 8.3.11　声控和光控电路联调　　图 8.3.12　搭建电源电路布局

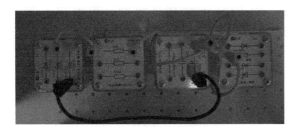 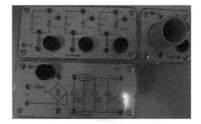

图 8.3.13　电源电路接线情况　　图 8.3.14　搭建主电路布局

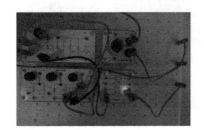 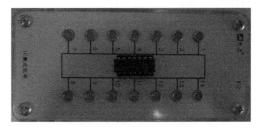

图 8.3.15　主回路接线情况　　图 8.3.16　核心器件 CD4011 双输入与非门

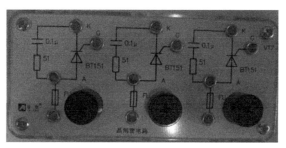

图 8.3.17　关键器件晶闸管

搭建完成的声光控楼道灯如图 8.3.18 所示。

图 8.3.18　完整的声光控制楼道灯延时控制电路

2. 组成电路特性的测试

（1）测试 4011 与非门的阈值电压 U_{TH}　先将直流稳压调整到 +6V，将 4011 在 IC2 插座上连接电源，用 AX26 LED 状态显示灯接与非门输出端，输入按图 8.3.19 进行连线（图 8.3.20 为实际连线图），调节 RP，在 LED 由亮到暗的时刻，用万用表直流电压挡测得电压为阀值电压 U_{TH}，再调节 RP，在 LED 由暗到亮时刻，再次用万用表测 U_{TH}，并记录于表 8.3.1 中，这两个 U_{TH} 应基本一致。4011 使用 +6V 电源，2801 使用 +5V 电源。

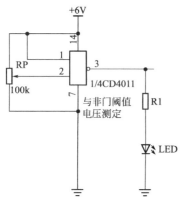

图 8.3.19　与非门阈值电压测定原理图

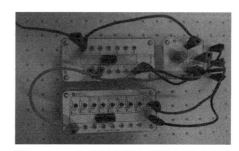

图 8.3.20　与非门阈值电压测量搭建电路

表 8.3.1　与非门阈值电压

LED 状态	与非门输入端电位
由暗刚变亮	$U_{TH}=$
由亮刚变暗	$U_{TH}=$

（2）光控电路电阻测定　按图 8.3.21 所示测试光敏电阻在亮阻、暗阻时压降（图 8.3.22 为实际接线效果图）。在白天自然光照下，光敏电阻 RG 阻值减小，这时调节 R1，使电压 U_{RG} 小于表 8.3.1 中的 U_{TH} 值，最佳值约为 0.5V，用万用表直流电压挡测试，关掉电源，测试此时光敏电阻的亮阻值，记于表 8.3.2 中。然后用黑胶带布封住 RG，这时 RG 阻值增大，要求 U_{RG} 大于表 8.3.1 中的 U_{TH} 值，最佳值约为 4.5V，最后得到的阻值 RP3＋R2 固定，若达不到上述要求，可能 RP3＋R2 太大或太小，可另换电阻，最后达到 RG 亮阻时 $U_{RG}<U_{TH}$，暗阻时 $U_{RG}>U_{TH}$。关掉电源后，用万用表电阻挡测 RP3＋R2 阻值，并测暗阻，记录于表 8.3.2 中。

表 8.3.2　光控与声控电路电阻测量

声电转换	（RP1＋R5）
放大电路	（RP2＋R4）
光控电路	（RP3＋R2）
光敏电阻	亮阻=　　　，暗组=

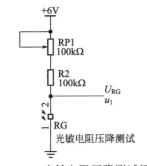

图 8.3.21　光敏电阻压降测试原理图

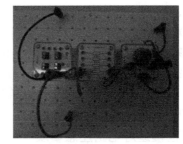

图 8.3.22　光控电路电阻搭建测定

3. 驻极体电容式传声器及放大电路

（1）根据图 8.3.23 中放大电路部分的连接线路测试静态参数。调节 RP2，用万用表直流电压挡测试，VT1 集电极 C 的 u_2 电压近似小于 U_{TH}，约为 2V，如果调节 RP2＋R4 仍达不到要求，可另换 R4，调好后，关闭电源，用万用表电阻挡测试并记录于表 8.3.2 中。

（2）根据图 8.3.23 所示的声控及放大电路连接线路测试。调好后的实际电路如图 8.3.24 所示。

① 接上电源，在无声静态时，调节 RP1 使 BM 上电压为 0.7V，若调不到，可改变 RP1 和 R5。

② 然后不断拍手，用万用表直流电压挡观察。驻极体电容式传声器 BM 端的电压是否有动态波形输出，再观察电容

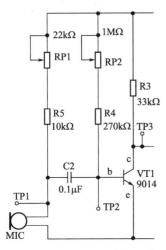

图 8.3.23　声控及放大电路

C2 输出端隔直后是否有针对零线上下正负波动信号输出，若无输出可调节 RP1 或增大 RP1 再试。

③ 与放大电路 VT1 管的基极相连，用示波器"Y：0.1V/div"、"X：0.1S/div"观察 VT1 集电极 C 的 u_2 电压是否有大于 U_{TH} 的脉冲输出，如果能达到要求，关掉电源，用万用表电阻挡测试 RP1 ＋ R5 并记录于表 8.3.3 中。

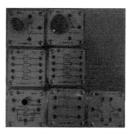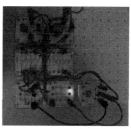

图 8.3.24　声电转换电路布局和接线

表 8.3.3　各端电压记录表

序号	测试情况工作条件	各端电压测试值/V							灯的状态
		u_1	u_2	u_{01}	u_{02}	u_c	u_{03}	u_{04}	
1	光敏电阻受光								
2	光敏电阻遮住、有声音								亮态持续的时间＝　　s

4. 整体电路调试测定

根据表 8.3.2 所测定的电阻，按图 8.3.1 连接整体电路成图 8.3.16，接电源交流 24V，开启电源进行调试。

（1）测试稳压管 VS 输出端应为 6.2V 左右，用万用表直流电压挡测试。

（2）将光敏电阻在自然光照下，用万用表直流电压挡测量 u_1、u_2，以及与非门 A～D 输出端电压 u_{01}～u_{04} 和 u_c，并记录于表 8.3.3 序号 1 中。

（3）将光敏电阻用黑胶带遮光，并在拍手过程中用示波器"Y：0.1V/div"、"X：0.1S/div"观察 u_1、u_2、u_{01}～u_{04} 和 u_c 电压波形状态（u_{01}、u_{02} 为脉冲波形），并观察灯亮态，记录于表 8.3.3 序号 2 中，并估算灯发光持续时间。若 u_{04} 为高电平，而灯不亮，可适当减小 R7；若未拍手灯就亮，可适当增加 R7 阻值，使拍手时灯才亮。R7 的调换范围为 ±（10％～20％）。

5. 声光控楼道灯电路注意事项

由于实训电路中光敏电阻和驻极体电容式传声器的性能离散性较大，先单独测试其所组成单元电路和相配电阻值再连接总体线路，这有利于调试和调节。

光敏电阻暗组环境要求到夜晚光度遮挡严实下测试。

C1 和 C3 电解电容极性不能接反，在外壳有"－"号一边为负极接地。

当灯亮时，u_c 的波形直线缓慢下降，说明 C3 在放电，当达到低电平时，延时结束，灯灭。

任务实施

1. 实训目标
（1）能够使用 YL290 模块搭建声光控延时楼道灯电路。
（2）能够使用万用表测量关键点电压。

2. 实训设备
（1）电源与仪器：6V 直流电源、24V 交流电源、数字万用表，示波器。

(2) 模块：IC2（14 脚）、AX5、AX26、BX05（BM）、BX09、BX10（光敏电阻插座）、VS1（1N4735）、VD2（1N4148）、VT1（BT151）、HL1（灯座）、R11（470Ω）、R12（1kΩ）、R15（10kΩ、33kΩ）、R17（100kΩ、270kΩ）、R18（10MΩ）、RP7（22kΩ）、RP10（100kΩ）、RP12（1MΩ）、C03（0.1μF）、C06（10μF）、C07（100μF）。

(3) 集成器件及元件：CD4011、9014、GL5626D 光敏电阻（亮阻：20kΩ，暗组：1MΩ）、15W/24V 白炽灯，黑胶带。

3. 实训内容

按照前述知识准备中讲述的内容进行线路搭建及线路测试。

任务评价

声光控电路的搭建测试评价标准按照表 8.3.4 进行。

表 8.3.4 声光控电路的搭建测试评价表

班级		姓名		学号		组别		
项目	考核内容	配分/分		评分标准			自评	互评
声光控楼道灯的搭建	元器件模块的识别	20		能找出基本模块，每个得 1 分，共 20 分				
	元器件的插装、连线	30		能够完整地根据声光控制楼道灯电路图搭建电路，功能全部实现的得 30 分 每缺失一项功能扣 5 分				
	检测导线连接情况	10		能够根据电路原理图检测导线连接情况得 10 分				
	仪表测量	30		能够调试光控、声控、稳压、延时、触发每项得 5 分 能够分析分电路原理得 20 分。每少分析一项扣 5 分				
	安全规范	10		工作服要穿戴整齐，操作工位摆放有序 通电试验时有安全意识。有效预防短路、过流、过压引起的事故				
	合计	100						

学生交流改进总结：

教师总结及签名：

知识拓展

拿到一个新电路应该做如下功课。

(1) 查阅电路涉及的集成电路名称、功能、管脚、典型应用。

(2) 根据电路名称、功能查阅相关资料。了解相关电路性能。

（3）分析电路先从小的、简单的分电路分析、逐步拓展。

（4）观察元件，应该观察元件的大小、封装。把元件、印刷电路板上的元件封装、电路原理图、元件明细表相互结合、仔细对照。

思考与练习

1. 声光控电路的搭建是分成几个部分进行搭建的？
2. CD4011 与非门的阈值电压 U_{TH} 是如何进行测定的？

任务四
声光控节能灯电路的 PCB 板设计

任务描述

使用制板软件 Protel Dxp 2004 设计声光控制楼道灯延时控制 PCB 板。利用三维图观察布局情况，导出网络表，导出元件明细表。

任务分析

本任务是按照声光控制楼道灯延时控制电路电气原理图和电子元件实际尺寸设计电子元件封装，并进一步完成声光控制楼道灯延时控制电路的印刷电路板的设计；根据电子元件安装方式，确定元件封装形式；画出声光控制楼道灯延时控制电路结构框图；能够导出元件明细表。

知识准备

一、声光控楼道灯的 PCB 板

电脑上运行 Protel Dxp 2004。

1. 创建一个 PCB 项目

Protel Dxp 2004→文件→创建→PCB 项目→PCB_Project1.prjPCB。

2. 添加新文件到项目 PCB-Project1.prjPCB 中

在项目中分别添加原理图文件、PCB 文件、原理图库文件、PCB 库文件。

PCB-Project1.prjPCB→追加新文件到项目中→Schematic→Sheet1.SchDoc。
PCB-Project1.prjPCB→追加新文件到项目中→PCB→PCB1.PcbDoc。
PCB-Project1.prjPCB→追加新文件到项目中→Schematic library→Schlib1.Schlib。
PCB-Project1.prjPCB→追加新文件到项目中→PCB library→Pcblib1.Pcblib。

3. 统一文件名

Sheet1.SchDoc→保存→保存在 Examples→文件名→Sheet1→1. 创建一个 PCB 项目。
Protel Dxp 2004→文件→创建→PCB 项目→PCB_Project1.prjPCB。

4. 绘制原理图

（1）声光控延时楼道灯控制电路 SchDoc 界面→浏览元件库→Miscellaneous Devices.IntLib 库→RES→RES2→ [R? Res2] →TAB→R1→CTRL→连续放置多个电阻 R1~R7。

(2) CAP→CAP→ [C? Cap] →TAB→C1→CTRL→放置电容 C1。

(3) CAP→Cap Pol2→ [C? Cap Pol1] →TAB→C2→CTRL→连续放置多个电解电容 C2、C3。

(4) NPN→NPN→ [Q? NPN] →TAB→VT1 9014→放置三极管 VT1。

(5) MIC→MIC2→ [MK? Mic2] →放置 MIC 驻极话筒。

(6) RP→RPOT→ [R? RPot] →RP 电位器→TAB→RP→CTRL→连续放置多个 RP1、RP2、RP3。

(7) Miscellaneous Connectors.IntLib→HEAD→header2→ [P? Header 2] →放置交流电两针接线端子符号。

(8) CD4011→浏览元件库→搜索→CD4011→放置与非门 CD4011。

(9) VS IN4735→D ZEN→ [D? D Zener] →放置稳压管。

(10) IN4007→DIODE 1N914→ [D? Diode 1N914] →放置二极管。

(11) BRIDGE→bridge→ [D? Bridge] →放置整流桥。

(12) L→LAMP→ [DS? Lamp] →放置灯。

(13) VT2 BT151→SCR→ [Q? SCR] →放置可控硅。

5. 合理布局连接导线

注意：用网络标签标识电源线和地线。

6. 把电气原理图转换成 PCB

单击设计→下拉→单击 Updata；把电气原理图转换成 PCB。

7. PCB 布局

在 PCB 界面删除网格，按照信号走向布局。

8. 布线

单击自动布线→全部对象→编辑规则→打开 PCB 规则和约束编辑器→routing layers→

选择布线层底层布线 bottom layer；选择宽度规则 width→选择 30mil→单击确定开始布线。

9. 工具栏→设计规则检查

10. 定义 PCB 板尺寸

设计→PCB 板形状→重定义 PCB 板形状。

11. 覆铜

放置覆铜→选择覆铜模式→连接网络接地；分别选择顶层和底层覆铜；保存文件。

12. 三维 PCB 板

PCB 模式→查看→显示三维 PCB 板；复制→保存→SGKLDYSD.SchDoc。

完成以上操作后得到的结果如图 8.1.10 所示。个别元件需要自己添加制作原理图符号、PCB 封装，如图 8.4.1～图 8.4.8 所示。

 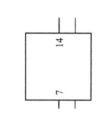 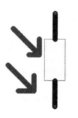 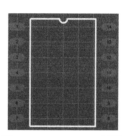

图 8.4.1　CD4011　　图 8.4.2　CD4011 电源和接地　　图 8.4.3　光敏电阻　　图 8.4.4　CD4011 封装

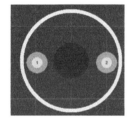 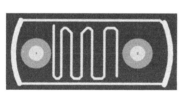  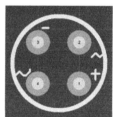

图 8.4.5　LAMP 封装　　图 8.4.6　RG GL5626 封装　　图 8.4.7　TP 封装　　图 8.4.8　VD 封装

图 8.4.9 和图 8.4.10 为声光控延时楼道灯控制电路双面 PCB 板底层和顶层的效果图。

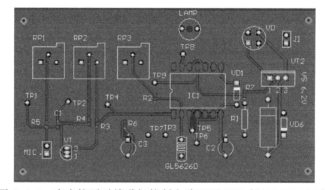

图 8.4.9　声光控延时楼道灯控制电路双面 PCB 板 BOTTOM 层

在 PCB 状态→查看→显示三维 PCB 板，如图 8.4.11 所示。

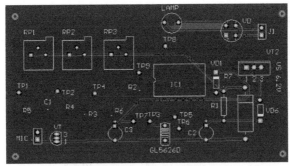

图 8.4.10 声光控延时楼道灯控制电路双面 PCB 板 TOP 层

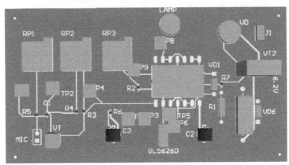

图 8.4.11 声光控延时楼道灯控制电路三维 PCB 板

二、导出文档网络表

在 Protel Dxp 2004 运行界面下，在原理图界面下点击设计→设计项目网络表→PROTEL→导出网络表 8.4.1 和表 8.4.2 原理图 SCH 与 PCB 的接口。

表 8.4.1 声光控楼道灯电路的网络表

元件标识符	元件封装名称	元件库参考	元件标识符	元件封装名称	元件库参考
C1	CC1005-0402	Cap	R1	AXIAL-0.4	Res2
C2	CAPPR5-5×5	Cap Pol1	R2	CC1005-0402	Res2
C3	CAPPR5-5×5	Cap Pol1	R3	CC1005-0402	Res2
GL5626D	PCBComponent_1-duplicate	RG	R4	CR1005-0402	Res2
IC1	IC1	CD4011BMJ	R5	CR1005-0402	Res Semi
J1	HDR1×2	Header 2H	R6	CC1005-0402	Res2
LAMP	PCBComponent_1-duplicate	Lamp	R7	CC1005-0402	Res2
MIC	PIN2	Mic2	RP1、RP2	VR4	RPot
TP1	PCBComponent_1-duplicate	TP	RP3	VR4	RPot
TP2	PCBComponent_1-duplicate	TP	VD1~VD4	vd	2W10
TP3	PCBComponent_1-duplicate	TP	VD5	DIO7.1-3.9×1.9	1N4148
TP4	PCBComponent_1-duplicate	TP	VD6	DIO7.1-3.9×1.9	1N4007
TP5	PCBComponent_1-duplicate	TP	VS	6.2VDIODE-0.7	1N4735
TP6	PCBComponent_1-duplicate	TP	VT1	BCY-W3/E4	9014
TP7	PCBComponent_1-duplicate	TP	VT2	SFM-T3/E10.7V	BT151
TP8	PCBComponent_1-duplicate	TP	24VAC1	J1-1	VD-2
TP9	PCBComponent_1-duplicate	TP	24VAC2	J1-2	LAMP-2

表 8.4.2　原理图 SCH 与 PCB 的接口

原理图 SCH 与 PCB 的接口	解释	原理图 SCH 与 PCB 的接口	解释
NetC1_1 C1-1 R4-1 TP2-1 VT-2	网络端口 C1-1 有 4 个元件和它相连	NetC1_2 C1-2 MIC-2 R5-1 TP1-1	网络端口 C1_2 有 4 个元件和它相连
NetLAMP_1 LAMP-1 VD-4	网络端口 LAMP-1 有 2 个元件和它相连	NetC2_1 C2-1 R1-1 VD6-2	网络端口 C2_1 有 3 个元件和它相连
NetR5_2 R5-2 RP1-2	网络端口 R5_2 有 2 个元件和它相连	NetR2_2 R2-2 RP3-2	网络端口 R2_2 有 2 个元件和它相连
NetR4_2 R4-2 RP2-2	网络端口 R4_2 有 2 个元件和它相连	NetR7_2 R7-2 VT2-2	网络端口 R7-2 有 2 个元件和它相连
U01 IC1-3 IC1-5 IC1-6 TP5-1	网络端口 U01 有 4 个元件和它相连	U02 IC1-4 TP6-1 VD1-1	网络端口 U02 有 3 个元件和它相连
U03 IC1-10 IC1-12 IC1-13 TP8-1	网络端口 U03 有 4 个元件和它相连	U04 IC1-11 R7-1 TP9-1	网络端口 U04 有 3 个元件和它相连
U1 GL5626D-1 IC1-2	网络端口 U1 有 2 个元件和它相连	U2 IC1-1 R3-1 TP4-1 VT-3	网络端口 U2 有 4 个元件和它相连
NetVD6_1 VD6-1 VD-3 VT2-1	网络端口 VD6_1 有 3 个元件和它相连	R2-1 TP3-1	网络端口 R2-1 有 1 个元件和它相连
NetIC1_14 IC1-14 R1-2 R3-2 RP1-1 RP1-3 RP2-1 RP2-3 RP3-1 RP3-3 VS 6.2V-2	网络端口 IC1_14 有 10 个元件和它相连	GND C2-2 C3-2 GL5626D-2 IC1-7 IC1-7 MIC-1 R6-1 VD-1 VS 6.2V-1 VT2-3 VT-1U2-3	网络端口 GND 有 11 个元件和它相连
UC C3-1 IC1-8 IC1-9 R6-2 TP7-1 VD1-2	网络端口 UC 有 6 个元件和它相连		

任务实施

1. 实训目标

（1）实现声光控楼道灯延时控制电路的 PCB 设计。

（2）会编写声光控楼道灯延时控制电路元器件明细表。

（3）掌握 DXP 元件库中英文对照表。

（4）能够自己设计电子元件；能够自己设计元件封装。

2. 实训器材

安装有 Protel Dxp 2004 软件的计算机每人一台。

3. 实训内容

（1）设计声光控制楼道灯电路的双面 PCB 板。

（2）导出三维图。

（3）导出网络表。

任务评价

声光控楼道灯 PCB 设计的评价标准按表 8.4.3 进行。

表 8.4.3　声光控楼道灯 PCB 设计的评价标准

班级		姓名		学号		组别		
项目	考核内容		配分/分	评分标准			自评	互评
声光控电路的 PCB 板制作	Protel Dxp2004 软件的使用		40	按照要求存盘(5分) 　　所有元器件，包括符号（国标）、标号和标称值（或型号）等画齐(20分)。错或漏写一个扣 2 分。电阻单位不能漏写"Ω"，电容器容量单位也要完整，如"μF、pF"，不能写成"uF"。如单位没写或写错，每一种单位扣 5 分 　　元器件连线正确(5 分)。错或漏画一条连线扣 1 分 整体(10 分)： 　(1)J1 扣线插座，电源，地（共 4 分）；J1 缺失或没有标写可扣 3 分。VCC 和地 1 分 　(2)元器件布局合理(4 分)；元器件缺失可扣 4 分 　(3)走线简洁、整图美观(2 分)。未完全画齐元器件的，这小项不给分				
	声光控电路的 PCB 制作		30	没按照要求制作的或制作没成功的扣 30 分				
	生成网络表、元件明细表		20	不能生成网络表的扣 20 分				
	安全规范		10	工作服要穿戴整齐，操作工位卫生要良好。 没按照上述要求规范的适当扣分				
	合计		100					

学生交流改进总结：

教师总结及签名：

知识拓展

Protel DXP 常见元件中英文对照见表 8.4.4。

表 8.4.4　Protel DXP 常见元件中英文对照

序号	英文名称	中文名称	序号	英文名称	中文名称
1	AND	与门	32	MOSFET	MOS管
2	ANTENNA	天线	33	MOTOR AC	交流电机
3	BATTERY	直流电源	34	MOTOR SERVO	伺服电机
4	BELL	铃,钟	35	NAND	与非门
5	BVC	同轴电缆接插件	36	NOR	或非门
6	CAPACITOR	电容	37	NOT	非门
7	CAPACITOR POL	有极性电容	38	NPN-PHOTO	感光三极管
8	CAPVAR	可调电容	39	OPAMP	运放
9	CIRCUIT BREAKER	熔断丝	40	OR	或门
10	COAX	同轴电缆	41	PHOTO	感光二极管
11	CON	插口	42	NPN DAR	NPN 三极管
12	CRYSTAL	晶体振荡器	43	PNP DAR	PNP 三极管
13	DB	并行插口	44	POT	滑线变阻器
14	DIODE	二极管	45	PELAY-DPDT	双刀双掷继电器
15	DIODE SCHOTTKY	稳压二极管	46	RES1.2	电阻
16	DIODE VARACTOR	变容二极管	47	RES3.4	可变电阻
17	DPY_3-SEG	3 段 LED	48	RESISTOR BRIDGE	桥式电阻
18	DPY_7-SEG	7 段 LED	49	SOURCE CURRENT	电流源
19	DPY_7-SEG_DP	7 段 LED(带小数点)	50	SOURCE VOLTAGE	电压源
20	ELECTRO	电解电容	51	SPEAKER	扬声器
21	FUSE	熔断器	52	SW	开关
22	INDUCTOR	电感	53	SW-DPDY	双刀双掷开关
23	INDUCTOR IRON	带铁芯电感	54	SW-SPST	单刀单掷开关
24	INDUCTOR3	可调电感	55	SW-PB	按钮
25	JFET N	N 沟道场效应管	56	THERMISTOR	电热调节器
26	JFET P	P 沟道场效应管	57	TRANS1	变压器
27	LAMP	灯泡	58	TRANS2	可调变压器
28	LAMP NEDN	启辉器	59	TRIAC	三端双向可控硅
29	LDE	发光二极管	60	TRIODE	三极真空管
30	METER	仪表	61	VARISTOR	变阻器
31	MICROPHONE	麦克风	62	ZENER	齐纳二极管

思考与练习

CD4011 封装、LAMP 封装、RG GL5626 封装、TP 封装和 VD 封装各有什么特点？

任务五　声光控制灯电路装配与调试

任务描述

认真分析声光控制楼道灯电路，在给定的 PCB 板上利用元器件按照焊接工艺要求装配声光控电路。

任务分析

声光控延时楼道灯控制电路是利用声波为控制源的新型智能开关，具有自动延时熄灭的功能，是一种声光控电子照明装置，它由音频放大电路、电平比较电路、延时开启电路、触发控制电路、恒压源电路和晶闸管主回路等组成。

知识准备

在安装声光控楼道灯电路之前进一步根据原理图 8.1.10 分析其工作原理。

在了解工作原理基础上，利用上节 PCB 板制作时的文件生成元件明细表。具体如下。

在原理图模式下，点击"报告"→点击"simple BOM"→声光控节能灯电路 2. 项目→generated→声光控节能灯电路 2. BOM。

Bill of Material for 声光控节能灯电路 2. PRJPCB
On 2015/8/7 at 19：54：44

Comment 元件	Pattern 封装	Quantity 数量	Components 详单	英文解释
1N4148 二极管	DIO7.1-3.9×1.9	2	VD5、VD6	High Conductance Fast Diode
2W10 整流桥	E-BIP-P4/D10	1	VD1～VD4	Full Wave Diode Bridge
9014 三极管	BCY-W3/E4	1	VT1	NPN General Purpose Amplifier
BT151 晶闸管	SFM-T3/E10.7V	1	VT2	Silicon Controlled Rectifier
Cap Poll 电容	CAPPR5-5×5	2	C2，C3	Polarized Capacitor（Radial）
Cap 电容	CC1005-0402	1	C1	Capacitor
CD4011BMJ 与非门	IC1	1	IC1	Quad 2-Input NAND Buffered B series Gate
GL5626D 光敏电阻	RG	1	RG	
Header 2H 接线柱	HDR1×2	1	J1	Header，2-Pin，Right Angle
IN4735 稳压管	VS	1	VS 6.2V	Zener Diode
Lamp 灯	PCBComponent	1	LAMP	Incandescent Bulb
Mic2 麦克	MIC	1	MIC	Microphone
Res Semi 电阻	CR1005-0402	1	R5	Semiconductor Resistor
Res2 电阻	AXIAL-0.4	1	R1	Resistor
Res2	CC1005-0402	4	R2，R3，R6，R7	Resistor
Res2	CR1005-0402	1	R4	Resistor
RPot	VR4	3	RP1，RP2，RP3	Potentiometer
TP 测试探针	PCBComponent_1	8	TP1，TP2，TP3，TP5，TP6，TP7，TP8，TP9	
TP3	PCBComponent_1	1	TP4	

整理成中文模式如表 8.5.1 所示。

表 8.5.1　声光控楼道灯电路的元件明细表

序号	符号	名称（标识符）	型号与规格	数量	封装	元件库
1	VD1～VD4	桥式整流堆 Bridge1	2W10	1	Bridge1	Miscellaneous Devices.IntLib Bridge1
2	VT1	三极管 NPN	9014	1	BCY-W3	Miscellaneous Devices.IntLib NPN
3		PCB 板	45×75mm	1		
4	R1	电阻 Resistor	1kΩ	1	AXIAL-0.4	Miscellaneous Devices.IntLib Resistor;2 Leads
5	R2	贴片电阻 Resistor	100kΩ	1	R	Miscellaneous Devices.IntLib 声光控节能灯电路.$$$
6	R3	电阻 Resistor	33kΩ	1	R	Miscellaneous Devices.IntLib 声光控节能灯电路.$$$
7	R4	电阻 Resistor	270kΩ	1	R	Miscellaneous Devices.IntLib 声光控节能灯电路.$$$
8	R5	电阻 Resistor	10kΩ	1	R	Miscellaneous Devices.IntLib 声光控节能灯电路.$$$
9	R6	电阻 Resistor	10MΩ	1	R	Miscellaneous Devices.IntLib 声光控节能灯电路.$$$
10	R7	电阻 Resistor	470Ω	1	R	Miscellaneous Devices.IntLib RES
11	RP1	电位器 Potentiometer	22kΩ	1	VR4	Miscellaneous Devices.IntLib RPot
12	RP2	电位器 Potentiometer	1MΩ	1	VR4	Miscellaneous Devices.IntLib RPot
13	RP3	电位器 Potentiometer	100kΩ	1	VR4	Miscellaneous Devices.IntLib RPot
14	RG	光敏电阻 RG	GL5626D	1	RG	Miscellaneous Devices.IntLib RG1
15	C1	贴片电容 Capacitor	100μF	1	C	Miscellaneous Devices.IntLib 声光控节能灯电路.$$$
16	C2	电解电容 Polarized Capacitor(Radial)	0.1μF、25V	1	CAPPR5-5×5	Miscellaneous Devices.IntLib Cap Pol1
17	C3	电解电容 Polarized Capacitor(Radial)	10μF、25V	1	CAPPR5-5×5	Miscellaneous Devices.IntLib Cap Pol1

续表

序号	符号	名称（标识符）	型号与规格	数量	封装	元件库
18	VD5	二极管 Diode	1N4148	1	DIO7.1-3.9×1.9	Miscellaneous Devices.IntLib Diode 1N914
19	VD6	二极管 Diode	1N4007	1	DIO7.1-3.9×1.9	Miscellaneous Devices.IntLib Diode 1N914
20	VS	稳压二极管 Zener Diode	1N4735 6.2V	1	DIODE-0.4	Miscellaneous Devices.IntLib D Zener
21	VT2	晶闸管 SCR	BT151	1	SFM-T3/E10.7V	Miscellaneous Devices.IntLib SCR
22	L	灯泡 LAMP	24V	1	LAMP	Miscellaneous Devices.IntLib 声光控节能灯电路.$$$
23	配L	灯泡座	E10	1	LAMP	Miscellaneous Devices.IntLib 声光控节能灯电路.$$$
24	BM	驻极话筒 Microphone	CZN-15D	1	MIC	Miscellaneous Devices.IntLib Mic2
25	IC	贴片集成电路	CD4011	1	SOP14	Miscellaneous Devices.IntLib CD4011
26	2P	电源插座	AC24V	1	HDR1X2	Miscellaneous Connectors.IntLib Header 2H

根据生成的元件明细表配齐安装焊接所需要的元器件，如图 8.5.1 所示。

声光控延时楼道灯控制电路元器件的安装如图 8.5.2 所示。

图 8.5.1 声光控延时楼道灯控制电路元件

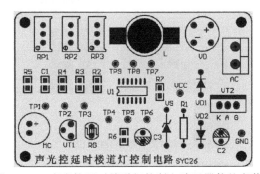

图 8.5.2 声光控延时楼道灯控制电路元器件的安装图

元件特点如图 8.5.3 所示。

安装工艺：

（1）安装顺序是按照从低到高，先安装贴片电阻、贴片电容、贴片集成电路，如图 8.5.4 所示。

（2）再安装开关二极管 1N4148、整流二极管 1N4007、稳压二极管，如图 8.5.5 所示。

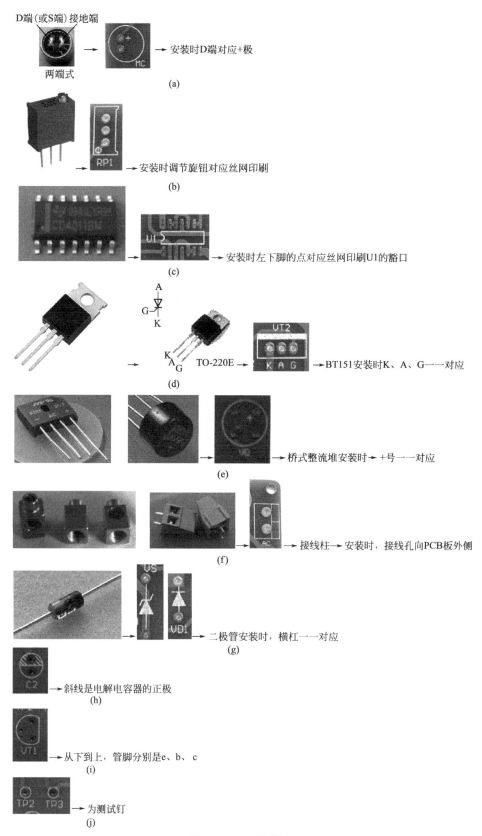

图 8.5.3 元件特点

项目八 声光控楼道灯的装接与调试

图 8.5.4 焊接贴片

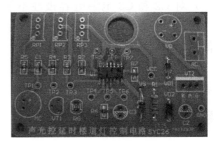

图 8.5.5 焊接低层元件

图 8.5.6 第三顺序焊接中层元件

（3）顺序安装三极管、光敏电阻、驻极话筒、整流桥堆、电解电容等，如图 8.5.6 所示。

（4）按照从低到高，从小到大的顺序安装。

其余元件安装焊接完成后如图 8.5.7 所示。图 8.5.8 中的热收缩管用于遮挡光敏电阻。

焊接注意事项如下。

（1）贴片电阻先一头烫锡，固定一头，再焊接另一头。

（2）贴片集成电路，先烫锡 2 个管脚，仔细看管脚是否对齐、方向是否正确。先固定 2 个管脚，再焊接其他管脚。

（3）电阻和二极管采用卧式安装，紧贴 PCB 板。安装方式：采用 THT 方法。

（4）整流桥堆、驻极话筒采用立式安装，紧贴 PCB 板。

（5）光敏电阻、三极管采用立式安装，和底板保持适当距离。

图 8.5.7 第四顺序焊接高层元件

调试时请用提供的热塑管罩住光敏电阻

图 8.5.8 调试用的热塑管罩

检测和调试：

（1）将光敏电阻放在自然光照下，用万用表测量电路中各参考点电压，并记录在表 8.5.2 序号 1 中。

表 8.5.2 声光控楼道灯各参考点电压测试值

序号	测试情况工作条件	各参考点电压测试值/V							灯泡 L 的状态
		TP3	TP4	TP5	TP6	TP7	TP8	TP9	
1	光敏电阻受光								
2	光敏电阻遮住、有拍手声								亮态持续时间=＿＿s

（2）用电烙铁把热塑管的一端烫密封，然后套住光敏电阻遮光，并在拍手过程中用示波器观察参考点电压波形状态，并观察灯亮态，记录于表 8.5.2 序号 2 中，并估算灯泡发光持续时间。

（3）对光敏电阻暗阻环境要求达到夜晚光度遮挡严实下测试。

(4) 对 C2 和 C3 电解电容极性不能接反,在外壳有"—"号一边为负极接地。

(5) 当灯亮时,电容 C3 上的电压(TP7)波形直线为缓慢下降,说明 C3 在放电,当达到低电压时,延时结束,灯泡熄灭。

(6) 本电路输入电压为交流 24V,若输入电压过高,灯泡在晶闸管没有导通时可能存在微亮现象。

任务实施

1. 实训目标

(1) 能够按照电子产品装配工艺要求逐层安装焊接。
(2) 能够使用示波器测量声光控制节能灯电路。

2. 实训设备

(1) 亚龙 135 工作台;示波器、函数信号发生器、频率计。
(2) 仪表、工具:万用表、电烙铁、镊子、斜口钳、焊锡丝、松香、小螺丝刀(钟表用小螺丝刀)。
(3) 贴片 PCB 板,声光控制楼道延时控制灯电路套件。

3. 实训内容

装配声光控制楼道灯电路。

任务评价

声光控楼道灯的评价标准按照表 8.5.3 进行。

表 8.5.3 声光控楼道灯的评价标准

考核时间			实际时间:自 时 分起至 时 分止	
项目	考核内容	配分/分	评分标准	扣分
元器件成形及插装	元器件成形 插装位置、色环、标记、极性、高度正确 元器件排列整齐	20	元器件成形正确,无错误。每错误一处扣 3 分 插座位置、色环、标记、极性、高度正确,无错误。每错误一处扣 3 分 元器件排列整齐,无高低。每错误一处扣 2 分	
焊接质量	焊点均匀、光滑、一致 元器件引线过长、焊点弯曲	20	无搭锡、假焊、虚焊、漏焊、焊盘脱落、桥焊等现象。每错误一处扣 3 分 无毛刺、焊料过多、焊料过少、焊点不光滑、引线过长等现象。每错误一处扣 2 分	
整形	元器件整形合格	10	元器件排列整齐、高低一致,每错误一处扣 2 分	
功能调试	光控功能正常 声控功能正常	40	白天亮灯或者晚上无声发生时亮灯该项不得分 表 8.5.2 中错一项扣 1 分	
安全文明操作	工作台上工具摆放整齐 操作时轻拿轻放 焊板表面整洁 严格遵守安全文明操作规程	10	工作台上工具按要求摆放整齐,每错误一处扣 2 分 焊接时应轻拿轻放,不得损坏元器件和工具,每错误一处扣 3 分	

续表

合计		100	
时间	规定时间180min		超时扣除总分一半

教师签名：

学生交流改进总结：

知识拓展　　　元器件的选择

IC 选用 CMOS 数字集成电路 CD4011，其里面含有四个独立的与非门电路。V_{SS} 是电源的负极，V_{DD} 是电源的正极。

可控硅 VT2 选用 1A/400V 的进口单向可控硅 100-6 型，如负载电流大可选用 3A、6A、10A 等规格的单向可控硅，它的测量方法是：用 R×1 挡，将红表笔接可控硅的负极，黑表笔接正极，这时表针无读数，然后用黑表笔触一下控制极 K，这时表针有读数，黑表笔马上离开控制极 K，这时表针仍有读数（注意触控制极时正负表笔是始终连接说明该可控硅是完好的）。

驻极体选用的是一般收录机用的小话筒，它的测量方法是：用 R×100 挡将红表笔接外壳的 S、黑表笔接 D，这时用口对着驻极体吹气，若表针有摆动说明该驻极体完好，摆动越大灵敏度越高。

光敏电阻选用的是 625A 型，有光照射时电阻为 20kΩ 以下，无光时电阻值大于 100MΩ，说明该元件是完好的。

二极管采用普通的整流二极管 1N4001～1N4007。总之，元件的选择可灵活掌握，参数可在一定范围内选用。

使用贴片焊接练习板练习贴片焊接技术。

思考与练习

1. 元器件在安装焊接时要注意什么？
2. 元器件的安装顺序是什么？焊接顺序是什么？

参 考 文 献

[1]　孔凡才，周良权．电子技术综合应用创新实训教程．北京：高等教育出版社，2008．
[2]　李关华，聂辉海．电子产品装配与调试备赛指导．北京：高等教育出版社，2010．
[3]　聂辉海．电子产品装配与调试赛题集．北京：机械工业出版社，2012．
[4]　刘晓书，王毅．电子产品装配与调测．北京：科学出版社，2011．
[5]　刘占娟．电子技术基础与应用．北京：科学出版社，2008．
[6]　王国玉，李中显．电子产品设计与制作．北京：科学出版社，2009．
[7]　孟贵华．电子技术工艺基础．第6版．北京：电子工业出版社，2012．
[8]　许涌清，武昌俊，刘瑞．电子工艺技术综合技能教程．北京：机械工业出版社，2010．
[9]　刘建华，伍尚勤．电子工艺技术．北京：科学出版社，2009．
[10]　赵翱东，赵勇．电工电子技术基础实训指导．北京：化学工业出版社，2013．